SCRATCHではじめよう!
プログラミング入門

~ゲームを作りながら楽しく学ぼう~

Scratch 3.0版

監修：阿部 和広
著者：杉浦 学

日経BP

まえがき

　プログラミングを学びたいと思う人は、なぜそう思ったのでしょうか。

　いくつか理由はあると思います。なんとなくかっこ良さそうとか、コンピューターのことを深く知りたいとか、プロのプログラマーになりたいとか。その中でも、ゲームを作りたいという人は、今も昔も一定数いると思います。

　40年前の子供にとって、この想いは切実でした。なぜなら、ゲームをするためにはプログラムを書かなければならなかったからです。任天堂が、日本のゲーム機の元祖とも言える「ファミリーコンピュータ」を発売したのは1983年のことです。それ以前にゲームをするためには、ゲームセンターでお金を払うか（スペースインベーダーの登場は1978年）、マイコン（マイクロコンピューター。現在のパソコン）をBASICというコンピューター言語でプログラムを書く必要がありました。BASICのプログラムはこんな感じです。

```
10 INPUT A
20 INPUT B
30 PRINT A+B
40 GOTO 10
```

　これは、キーボードから数字を2つ入力して、その合計を表示する例です。簡単な英語なので、なんとなくわかるでしょうか。BASICの登場以前は、機械語を16進数（0～9, A～Fからなる数字）で打ち込んでいたことを思うと、これでも夢のようでした。

　BASICで書かれたゲームのプログラムは毎月発売されるマイコン雑誌に掲載されていました。その何ページものプログラムリストを、一字一句間違えることなく入力し（ときには友だちと協力して）、RUNという命令を打ち込むと、ゲームセンターのゲームと同じものを遊ぶことができました（実際はかなり違っていて、同じと考えるにはかなりの創造力が必要でした）。

　これが実に楽しかったのですが、マイコンは高価だったので（当時の代表的なマイコンの1つ、NECのPC-8001が16万8千円）、電気屋の店頭で店員の目を盗んでは入力し、消される前に遊ぶという実にスリリングな経験でもありました。

　現在は、このような苦労をする必要はありません。すばらしいゲームがいくらでもあり、パッケージを買ったり、ダウンロードしたりして、いつでも手軽に遊ぶことができます。あえてプログラムを書く必要はないかもしれません。

まえがき

では、なぜみなさんはこの本を手に取ったのでしょう。それは、ゲームで遊ぶことよりもプログラムを書くことの方がずっと楽しいことに気付いた、あるいは、そんな予感がするからではないでしょうか。かく言う40年前の私がそうでした（そして、プロのプログラマーになってしまいました）。

この本はそんな皆さんの期待に応えるために書かれました。この本で作るゲームは1つだけ、王道のシューティングゲームです。それをこの上なく丁寧に細かなステップ（本書ではStageと呼んでいます）に分けて解説しています。

プログラミング言語は、米MIT（マサチューセッツ工科大学）メディアラボで開発された「Scratch」（スクラッチ）という教育用の言語を使っています。ScratchではBASICと違って、キーボードからの入力をほとんど必要とせず、日本語で書かれた命令の断片となるブロックを積み重ねることでプログラムを書いていきます。これにより、プログラミング言語につき物の構文（シンタックス）エラーが原理的に発生しません（これだけでもScratchを選ぶ価値があります）。

すでにScratchの経験がある人は、Scratchでプログラムを書くことが簡単だということを知っていると思います。その一方で、ネコのキャラクターを歩かせることはできても、それ以上の複雑なことになると、急に難しくなってわからなくなることもあったかもしれません。実は、プログラミング言語が簡単であることと、作ろうとしている対象の意味論的（セマンティック）な難しさは別の話なのです。

この本が解決しようとしているのは、この難しさを私たちがどう扱うべきかということでもあります。どんなに複雑そうに見えるものでも適切に分解すれば、頭の中でかみ砕くことのできる大きさになります。あるいは、プログラマーがどのように世界を見ているのか、今風の言葉で言えば、Computational Thinking（計算機的思考＊）をトレースしていると言い換えてもよいかもしれません。例えば、オブジェクトの抽出、モデリングの手法、変数のスコープ選択、リファクタリングなどがこれにあたります。

難しそうなことを書きましたが、この本のプログラムやできあがるゲームはとてもおもしろいものです。本書を通して、みなさんがかつての私のようにプログラミングの面白さに目覚めることを願ってやみません。ぜひとも難しさを楽しんでください。

2019年9月17日

阿部 和広

＊ Wing, J. M. 著, 中島秀之 翻訳, Computational Thinking, 計算論的思考, 情報処理 Vol.56 No.6, pp.584-587, June 2015, https://www.cs.cmu.edu/afs/cs/usr/wing/www/ct-japanese.pdf

SCRATCHではじめよう！
プログラミング入門 Scratch 3.0版
～ゲームを作りながら楽しく学ぼう～

目次

ページ		タイトル
2		まえがき　阿部 和広
6	STAGE 00	はじめに
10	STAGE 01	Scratchをはじめよう
26	STAGE 02	自機を作ろう その1 ― キーボードで操縦
40	STAGE 03	自機を作ろう その2 ― ロケット噴射のアニメーション
50	STAGE 04	敵キャラを作ろう その1 ― 座標を使ったコード
59	STAGE 05	敵キャラを作ろう その2 ― 乱数と複製
65	STAGE 06	プロジェクトを共有しよう
75	STAGE 07	弾丸を発射させよう
88	STAGE 08	効果音とBGMを追加しよう
98	STAGE 09	敵キャラの爆破アニメーションを追加しよう
106	STAGE 10	スコアと残機数を記録しよう
114	STAGE 11	ゲームの状態を設計しよう ― スタート画面とゲームオーバー画面の追加
124	STAGE 12	ハイスコアを記録しよう
131	STAGE 13	敵キャラの動きを複雑にしよう ― 三角関数の利用
137	STAGE 14	敵キャラの種類を増やそう
144	STAGE 15	ボスキャラを作ろう
150	BONUS STAGE	micro:bitでゲームコントローラーを作ろう
160		あとがき

22	Column	1	Scratch Desktop（オフラインエディター）
38	Column	2	イベントドリブンプログラミング
48	Column	3	ビットマップとベクター
86	Column	4	クローン
112	Column	5	デバッグ
129	Column	6	クラウド変数

●本書で作成するプロジェクトにて使用する画像は、以下のWebページからダウンロードできます。このWebページにある「本書で使用する画像のダウンロードはこちらからどうぞ。」にて「こちら」をクリックをすると画像ファイルのアーカイブをダウンロードできます。

https://shop.nikkeibp.co.jp/front/commodity/0000/P60450/

●本書で作成するプロジェクトの完成品は、以下のWebページで閲覧できます。

http://scratch.mit.edu/studios/1168062/

Scratchは、MITメディア・ラボのライフロング・キンダーガーテン・グループの協力により、Scratch財団が進めているプロジェクトです。https://scratch.mit.eduから自由に入手できます。

STAGE 00

はじめに

0-1 世界中で使われているScratch

　Scratch（スクラッチ）は米MIT（マサチューセッツ工科大学）のMedia Lab（メディアラボ）で生まれました。Mitchel Resnick（ミッチェル・レズニック）教授率いるLifelong Kindergarten（ライフロング・キンダーガーテン）グループが開発している子供向けのプログラミングソフトです。

　Scratchを使うと、ゲーム、アニメーション、電子楽器などの仕組みを自分で作ることができます。コンピューターに仕事の手順を教えて仕組みを作る、すなわち「プログラミング」が子供でも簡単にできる、すばらしいソフトウェアです。

　2019年1月にScratch 3.0という最新バージョンが公開されました（図1）。それまでのScratch 2.0との最大の違いは、Flash Playerが不要になったことです。インターネット接続とWebブラウザーを用意すれば、インストールや設定は不要で、すぐにScratchを使い始めることができます。

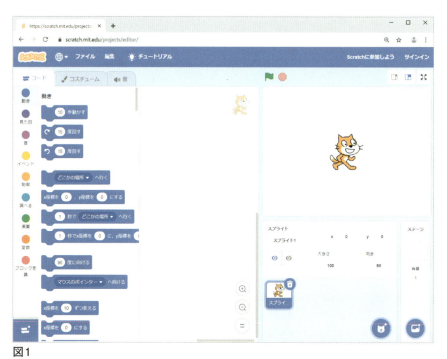

図1

Scratchを使って自分で作った作品はすぐにWebサイトで公開し、世界中の人に見せて、遊んでもらい、作品を介したコミュニケーションをとることができます。自分で作りたいものを想像（IMAGINE）し、それをプログラミングによって作り上げて遊び（CREATE、PLAY）、他者と共有（SHARE）し、他者からのアイデアをもらってさらに改善（REFLECT）をしていくというコンセプトでScratchは作られています（図2）。

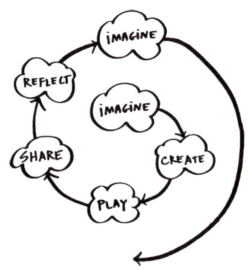

図2　　Lifelong Kindergarten Group, MIT Media Lab

　Mitchel Resnick氏は、Scratchを開発することで、プログラミングを学ぶだけでなく、若い世代の人たちが、創造的な思考を発揮し、メーカー、イノベイターとして育つのを支援することがゴールであると述べています。そして、若い世代の人々が創造性を発揮するための学びには、構築主義の考え方に基づいた、Projects（プロジェクト）、Peers（仲間）、Passion（情熱）、Play（遊び）の頭文字をとった4つのPが大切であるとしています[*]。

- **P**rojects　新しいアイデアを考え、試作品を作り、改善を繰り返す、本人にとって意味を見出せるプロジェクトに関わる過程で人は学びます。
- **P**eers　アイデアを他者と共有し、プロジェクトを遂行するために協同し、他者の仕事を発展させたりする、社会的な活動の中で学びは生まれます。
- **P**assion　自分のこだわりがあるプロジェクトに関わることで、長時間でも熱心に作業をする情熱が生まれ、挑戦し続けることができます。その過程で多くを学びとることができます。
- **P**lay　学びには、子供たちが遊びの中でするように、新しいことに挑戦し、素材を弄り回し、限界がどこまでかを試し、時には危険を恐れずに、繰り返し挑戦するといった活動がつき物です。

* Resnick, M. (2014). Give P's a Chance: Projects, Peers, Passion, Play. Constructionism and Creativity conference, opening keynote. 詳しくは『ライフロング・キンダーガーテン 創造的思考力を育む4つの原則』（日経BP、2018年）を参照。

0-2　この本の対象読者

　本書は、プログラミングに初めて挑戦してみようと思っている中学生以上の読者を想定した入門書です。また、こうした初心者に加えて、これまでScratchを少しだけ使ったことがあるけれど、まとまった形の作品を作ってみたいというScratchの経験者にも役立つように書きました。

　さらに、次のような大人の方も対象読者です。

- Scratchやプログラミングに興味があり、どんなことができるのかを一通り試してみたい人。例えば、授業でScratchの利用を検討している小中高の先生方
- お子様と一緒にScratchに挑戦してみようと思っているけれど、少しだけ先回りしておき、質問されたときに困らないようにしておきたい保護者の方

0-3　この本の構成

　Scratchは、細かい説明を読まなくても楽しめるように、使い勝手が工夫されています。実は手取り足取りの解説はあまり必要ありません。しかし、プログラミングについての基本テクニックとともにその操作方法を知りたいという人も多いでしょう。そうした方々を対象にして、本書では最初から丁寧に解説しています。

　本書で扱う題材はゲームの王道である「シューティングゲーム」です（図3）。次から始まる

図3

Stage1からStage15を通じて、少しずつゲームを組み立てながら、Scratchの使い方とプログラミングに必要な概念を、段階的に説明しています。何もない状態から少しずつシューティングゲームを作っていく過程を紹介することで、「作り方のコツ」を伝えるようにしました。このコツがわかれば、自分で作りたい作品を作る場合にも応用ができます。

Scratch 3.0に対応した改訂版（本書です）の出版に合わせて、新たにBonus Stage（ボーナスステージ）を追加しています。このBonus Stageでは、BBC micro:bit（図4）というマイクロコンピューターをScratchに接続し、シューティングゲームのコントローラーを制作する方法を解説しました。実際に手で触れることができる「ハードウェア」を含めたプログラミングの面白さも体験してみてください。

図4

本書ではまた、本編に加えて、二種類の解説を用意しています。「Programming Tips」と書かれた解説は、Scratchに限らず、プログラミング一般で重要な概念などをまとめたものです。もう1つのカラフルな枠で囲んだ解説では、Scratchに関する補足情報を説明してあります。必要に応じて参照してください。

0-4 サンプルファイル

以下に示す本書のWebページにある「本書で使用する画像のダウンロードはこちらからどうぞ。」にて「こちら」をクリックをすると、シューティングゲームで使う画像ファイルのアーカイブをダウンロードできます。ダウンロードした後の使い方については、Stage2で詳しく説明しています。

https://shop.nikkeibp.co.jp/front/commodity/0000/P60450/

本書の各Stageで作成するプロジェクトの完成品は、以下のWebページで閲覧できます。
https://scratch.mit.edu/studios/1168062/

STAGE **01**

Scratchをはじめよう

　Scratchによるプログラミングを始めましょう。本書では、画面を縦に使ったシンプルなシューティングゲームを作りながら、プログラミングの概念とScratchの使い方を段階的に学びます。
　このStageでは、Scratchを使う上で覚えておきたい重要な用語と、Scratchを使ってプログラムを作る基本的な手順を紹介し、シューティングゲーム作りに必要な準備をします。

1-1 動作要件とユーザー登録

　Scratchは、インターネット接続と推奨動作環境のWebブラウザーがあれば、すぐに使い始めることができます（図1）。本書では、Windows 10上でGoogle Chrome（以下、Chrome）を使った場合の画面例を掲載します。お使いのWebブラウザーやOSの違いによって、掲載している画面例とフォントなどが若干異なる場合があります。ただし、操作にとまどうような大きな違いはありません。

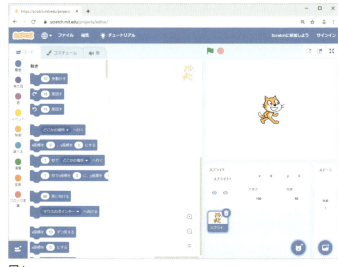
図1

　本書の執筆時点（2019年9月）における、Scratch 3.0の推奨動作環境は、Chrome（バージョン63以上）、Edge（バージョン15以上）、Firefox（バージョン57以上）、Safari（バージョン11以上）です。Internet Explorerはサポートされていませんので、学校などで利用する場合は注意が必要です。

＊1　ユーザー登録の際は、73ページの図42に掲載したコミュニティのガイドライン（https://scratch.mit.edu/community_guidelines）を理解し、守るようにしてください。
＊2　画面のデザインは変わっていることがあります。その場合は画面の指示にしたがって登録を進めてください。

STAGE **01** Scratchをはじめよう

> **タブレットでScratchを使うには**
>
> 　Mobile Chrome（バージョン63以上）、Mobile Safari（バージョン11以上）を用意すれば、iPadなどのタブレットでもScratchを利用することができます。ただし、キーボード入力の受け取りや、右クリックによるメニュー表示など、一部の機能は使えません。
> 　タブレット用のアプリとして、5～7歳の子供を対象にした「ScratchJr」（https://www.scratchjr.org）という、Scratchの弟分といえるアプリも利用できます。また、「Pyonkee」（https://www.softumeya.com/pyonkee/ja/）という、Scratch 1.4（本書で紹介しているScratch 3.0より二世代前のバージョン）をベースにしたiPad用のアプリも提供されています。

　さっそくWebブラウザーを起動し、ScratchのWebサイト（https://scratch.mit.edu）にアクセスしてみましょう（図2）。そのトップページが表示されます（図3）。

図2

図3

　画面右上に表示された「Scratchに参加しよう」というリンクをクリックし、ユーザー登録[*1]を開始します（図4）。ScratchのWebサイトにユーザー登録をすると、作成したデータを保存・共有することをはじめ、さまざまな機能を利用できます。このユーザー登録は無料です。

図4

　それではユーザー登録作業を順番に進めていきましょう[*2]。まずは本名以外の好きなユーザー名（すでにScratchのWebサイトに登録されているユーザー名は登録できません）を入力します。
　次に6文字以上のパスワードを決めて、半角英数で2カ所に入力します。入力が終わったら、画面右下にある「次へ」ボタンをクリックします

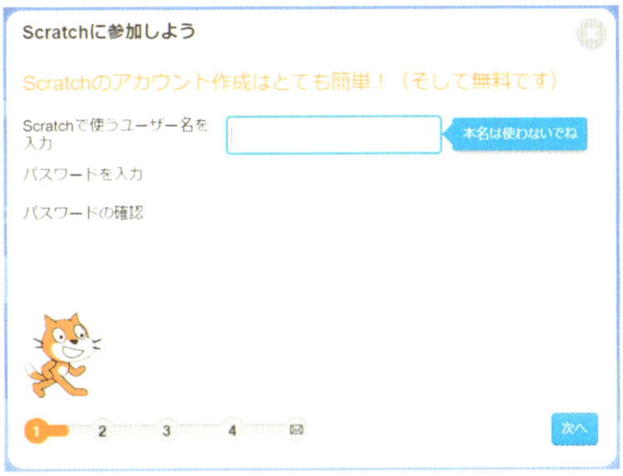

図5

11

生まれた年と月、性別、国を選択して「次へ」ボタンをクリックします（**図6**）。

図6

すぐにメールが受け取れるメールアドレス（16歳未満の場合は保護者のメールアドレス）を入力します。Scratchで作った作品をインターネットに公開したり、ほかの人の作品にコメントを書いたり、フォーラム（掲示板）に投稿するためには、このメールアドレス宛のメールを確認する必要があります。間違いのないように入力し、「次へ」をクリックしてください（**図7**）。

電子メールを入力した後に、画像による認証が表示される場合があります。その場合は、表示された指示にしたがって画像のタイルを選択して、「確認」をクリックしてください。

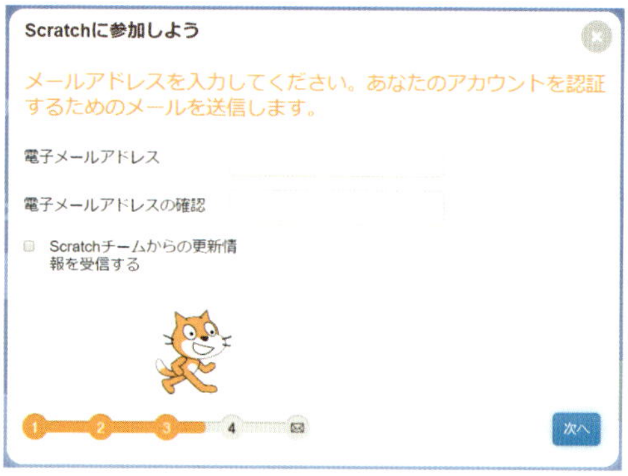

図7

これでユーザー登録作業は終了です（**図8**）。画面右下の「さあ、はじめよう！」をクリックすれば、ScratchのWebサイトにサインインした状態の画面に切り替わります。まだメールアドレスの確認が終わっていないので、画面上部に「Confirm your email to enable sharing.（ScratchのWebサイトでプロジェクトを共有するために、メールを確認してください）」という警告が表示されます。次の手順でメールを確認すれば、この警告は表示されなくなります。

図8

作品の公開等を行うためには、メールの確認作業が必要です。ユーザー登録の際に入力したメールアドレス宛のメールを確認してみましょう。「Please confirm the email address for ユーザー名 on Scratch!（Scratchのユーザー名のメールアドレスを確認してください！）」という件名のメー

ルが届いているはずです（図9）。届いていない場合は迷惑メールに振り分けられていないか確認してみてください。

　そのメール本文にある「電子メールアドレスの確認」と書かれたリンクをクリックしてください（16歳未満の場合は、保護者にメールの確認とリンクのクリックをお願いしましょう）。Scratchへようこそ！と書かれた画面が表示されれば、確認は成功です。画面下の「OK, let's go!」と書かれたボタンを押すと、トップページに移動します。

図9

　サインインした状態のScratchのWebサイトのトップページは図10のようになっています。サイトにサインインしている状態であれば、あなたのユーザー名が画面の右上に表示されています。このページには、サインインしているユーザーに対するさまざまな情報が表示されます。Webサイトの活用方法については本書で順番に紹介していきます。

図10

　ユーザー登録の終了後、再びScratchのWebサイトにサインインする場合は、画面右上の「サインイン」をクリックし、ユーザー名とパスワードを入力してから「サインイン」のボタンをクリックします（図11）。

　パスワードやユーザー名を忘れてしまった場合は、「ヘルプが必要ですか？」のリンクをクリックして、画面の指示にしたがってください。

図11

1-2 基本用語と画面の解説

ユーザー登録が完了したので、早速プログラミングを始めましょう。新しくプログラムを作るためには、サイトの上部にある「作る」というリンクをクリックし、Webブラウザーで動作する「オンラインエディター」（以下、エディター）を起動します（**図12**）。

図12

起動したエディターの画面の内容を見ていきましょう。Scratchを使う上で重要な3つの用語についてまとめておきます（**図13**）。

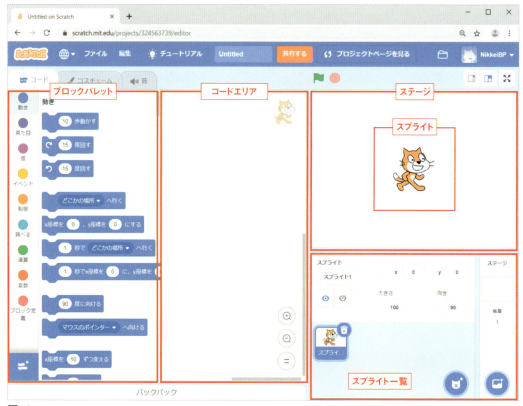

図13

- **スプライト** プログラムに登場するキャラクターのことです。Scratchの起動時には、オレンジ色の猫「スクラッチキャット」が一匹用意されます。
- **ステージ** スプライトを配置して動かす舞台のことです。
- **コード** Scratchでは、画面左のブロックパレットからブロックを選択し、画面中央のコードエリアにドラッグすることでスプライトに対する指令を定義していきます。この指令をコードと呼びます。

1-3 はじめてのコード その1

　ステージに用意されているスクラッチキャットを使って、コードの作成手順を紹介します。一緒にコードを作ってみましょう。コードの基本的な作成手順は以下のとおりです。

1 スプライト一覧からコードを作りたい対象（スプライトかステージ）をクリックして選択する
2 ブロックパレットから必要なブロックを選んで、コードエリアにドラッグし、組み立てる
3 コードエリアに置いたブロックをクリックして実行する

　それでは実際にやってみましょう。まず、スプライト一覧からスクラッチキャットをクリックします（図14）。今の段階ではスクラッチキャット一匹だけですが、ステージには複数のスプライトを配置することができます。

図14

　コードエリアの右上に、コードを作りたいスプライトが表示されているかも確認するとよいでしょう（図15）。

図15

　次にブロックパレットが「動き」になっていることを確認しましょう。動きが選択されていない場合は、ブロックパレットの左にある「動き」をクリックしておきます（図16）。

図16

　ブロックパレットから「10歩動かす」という青いブロックを選んで、コードエリアにドラッグします（図17）。コードエリアに置いたブロックをクリックしてください。スクラッチキャットが右に少し進みます。何回かクリックしてみてください。クリックするたびに右に移動していきます。ブロックパレット上でブロックをクリックしても実行することができます。ブロックの機能を一時的に試したい場合は、ブロックパレット上でクリックしてみると便利です。

図17

> ### スクラッチキャットの歩幅
>
> 「10歩動かす」というブロックの10歩はどれくらいの長さでしょうか。10歩の長さは「使っているモニターの画面解像度（dpi）によって異なる」というのが正解です。モニターが出力できる最小単位（モニターの表面を拡大してみると格子状の模様が見えると思います）のことを1ピクセル（ドット）と呼びます。1歩はこの画面の1ピクセルに相当します。1ピクセルの実際の大きさは、モニターの画面解像度によって異なります。最近よく聞く「4K」という規格は、横が3840ピクセル、縦が2160ピクセルの画面を指しています。スクラッチキャットが4Kの画面を横断するためには3840歩ほど歩く必要があるということです。

もう少しコードを改造してみましょう。ブロックパレットにはいろいろなブロックが入っています。これらはカテゴリーに分けて用意されています。ブロックパレットの左にある切り替えボタンをクリックすると、表示するブロックのカテゴリーを変更できます。「見た目」というボタンをクリックしてみましょう。ブロックパレットの表示が切り替わります（図18）。

図18

先ほど置いた「10歩動かす」のブロックの下に「こんにちは!と2秒言う」というブロックをドラッグして接続してください。ブロックが近づくと、接続位置のガイドがブロックの影のように表示されます（図19）。影が表示されている状態でブロックを置けば、自動的にブロックがつながり、1つの固まりになります。

図19

完成したブロックの固まりをクリックすると、そのコードを実行できます。実行中はブロックの固まりの周辺に黄色い光が表示されます（図20）。スクラッチキャットが10歩だけ右に進んだ後に「こんにちは!」というセリフが表示されました（図21）。

図20　　　　　　　　　　　図21

次は、こんにちは!と挨拶をした後に、元の位置に戻るようにしてみましょう。再度「動き」のボタンをクリックしてブロックパレットを切り替えます。「10歩動かす」ブロックを最後に追加してみましょう（図22）。

図22

ブロックの白くなっている部分をクリックすると、数字や文字を入力することができます。今回は左に動かしたいので「10」の部分をクリックして、半角で-10と入力します（図23）。

図23

できあがったブロックをクリックして動作を確認しましょう。スクラッチキャットが右に行き過ぎてしまっている場合は、ステージ上のスクラッチキャットをマウスでドラッグし、ステージの真ん中の方に動かしておきましょう（図24）。ステージ上のスプライトはマウスでドラッグすると位置を変更することができます。

図24

コードエリアで積み重ねたブロックは、上に積まれたブロックから順番に実行されます（図25）。

図25

例えば、左に動いてから挨拶をし、その後で右に動かしたい場合は、先頭と最後のブロックを入れ替えればよいことになります。一度接続して固まりになったブロックは、マウス操作で切り離すことができます。切り離したいブロックを下方にドラッグしてみてください。つかんだブロックが分離できます（図26）。

図26

マウスでドラッグしたブロックの下につながっているブロックも一緒に移動します。「こんにちは!と2秒言う」のブロックを下方にドラッグすると、「-10歩動かす」のブロックも一緒に切り離すことができます（図27）。上下をブロックに挟まれているブロック（この例では「こんにちは!と2秒言う」のブロック）を一気に取り出すことはできません。取り出したいブロックや、その下のブロックを一度切り離してから、取り出す必要があります。

図27

うまくブロックを分解し、「10歩動かす」と「-10歩動かす」ブロックを入れ替えたコードを作って動作を確認してみましょう（図28）。このように、スプライトに動作させたい順番を考え、上からブロックを重ねていくのが基本的なコードの作り方です。

図28

| Programming Tips | 処理の順番 |

コンピューターに動作させたい指示を上から順番に重ねて（記述して）いくことは、Scratchに限らずプログラミングの基本テクニックの1つです。何をどのような順番でコンピューターに処理させたいかを考えることが、プログラミングの第一歩です。

1-4 はじめてのコード その2

次はスクラッチキャットがドラムに合わせてダンスを踊るコードを作ってみます。最初に「僕のダンスを見て！」というセリフを表示させてから、ドラムのリズムに合わせて前後に動かすようにします。まずは、これまで作ったコードのセリフを変更し、ブロックの順番を入れ替えましょう（図29）。

図29

作ったコードをクリックしても、セリフは表示されますが、スクラッチキャットは動きません。10歩動かした後にすぐに-10歩動かしているため、すばやく移動してしまい、動いているように見えないのです。

そこで、前に進んだらドラムを鳴らして少し止まり、戻ってきた後にはシンバルを鳴らすように変更してみます。

音に関するブロックを表示するために、ブロックパレットの切り替えボタンの一番下にある「拡張機能を追加」のボタンをクリックします（図30）。

図30

拡張機能の一覧から「音楽」をクリックして選択します（図31）。これでブロックパレットに「音楽」のカテゴリーが追加されました（図32）。

図31

図32

ドラムを鳴らすブロックを動かすブロックの間に挿入します（図33）。コンピューターから音が出るようにして、動きと音を確認してみましょう。

図33

戻ったときにはシンバルを鳴らします。ドラムのブロックの先頭の楽器の名前の部分をクリックすると、一覧からドラムの種類を選択できます（図34）。新しくドラムのブロックを追加して、4番目のクラッシュシンバルを鳴らすように変更します。

図34

意図したとおりに動作させることができました。しかし、これだけですとダンスには見えません。そこで前後の動きとドラムの演奏を繰り返すように変更してみましょう。図35のようにブロックを並べれば、前後の動きとドラムの演奏を3回連続実施できます。

同じブロックを用意するのは大変だったと思います。途中で数字の入力やドラムの選択を間違える可能性もあります。そこで繰り返しを使って、もっと簡単に同じ動作をするコードを作ってみましょう。

図35

ここまでせっかく作ったコードですが、セリフと動作一回分の固まりと、2回前後に動くコードを分割しましょう（図36）。

次に分割した下の方のブロック全体を左のブロックパレットにドラッグして削除します（図37）。

図36

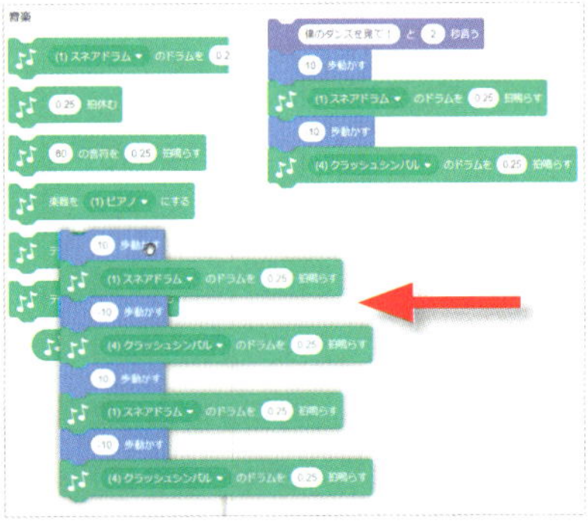

図37

19

これで最初に作ったコードの状態に戻すことができました（図38）。

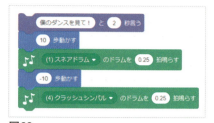
図38

続いて、ブロックパレットを「制御」に切り替えます（図39）。

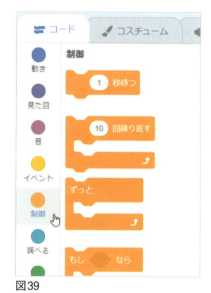
図39

「10回繰り返す」というブロックで、動きとドラムの演奏を行う4つのブロックを挟むように配置します（図40）。このブロックは挟んだブロックを上から順番に、指定された回数だけ繰り返して実行します。

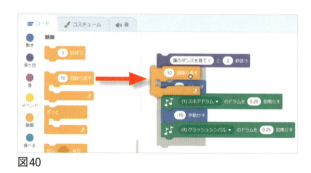
図40

「10回繰り返す」の回数の部分は変更できますので、クリックして半角で3と入力します（図41）。できあがったブロックの固まりをクリックしてダンスの動作を確認してみましょう。最初にセリフを表示し、ドラムを演奏しながら前後に動く動作を3回繰り返します。先ほどまでと同じ動作をさせることができました。この繰り返し回数の数字の部分を変えるだけで、前後の動きの回数を簡単に制御できるようになりました。

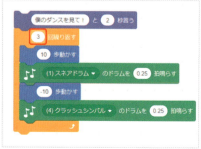
図41

STAGE 01　Scratchをはじめよう

> **Programming Tips** 繰り返し
>
> コンピューターは人間と違って、同じ動作を何度しても飽きたり、さぼったりはしません。繰り返しを使って動作を反復して実行させることは、プログラミングのもっとも基本的なテクニックの1つです。

　エディターでの編集結果は自動で保存されています。通常は意識して保存の操作をする必要はありません。編集をすると画面右上に「プロジェクトが保存されました。」とメッセージが表示され（図42）、作業結果がScratchのWebサイト上に保存されます。このメッセージは保存が完了すると消えるので、画面の右上にとくに何も表示されていなければ自動保存は正常に動作しています。

図42

　保存されているデータを開いて作業をする方法については、次のStageで紹介します。

　手動で作業結果を保存したい場合は、何らかの変更を行ったときに画面右上に表示される「直ちに保存」をクリックするか、ファイルメニューから「直ちに保存」を選択します（図43）。

　作業中にインターネット接続が切断された場合などは、自動保存ができないことがあります。その場合は画面右上に「直ちに保存」が表示されているはずです。インターネット接続が復旧したら、手動で作業結果を保存しておくと安心です。

図43

　エディターでの変更が保存されていない状態で、Webブラウザーのページの「再読み込み」や「移動（進む・戻る）」を行おうとすると、警告のダイアログが表示されます。Chromeの場合は次のようなダイアログが表示されます（図44、図45）。

　作業結果を保存したい場合は、「キャンセル」をクリックして、手動で作業結果を保存してください。

図44

図45

　ここまででStage1はクリアです。次のStage2からシューティングゲーム作りを始めましょう。

21

Scratch Desktop（オフラインエディター）

　インターネット接続ができない環境でScratch 3.0を使いたい場合は、「Scratch Desktop」というアプリをインストールします。オンラインで利用するWeb上のScratchと区別するために、「オフラインエディター」という名前でも呼ばれています。

　Scratch Desktopは、ScratchのWebサイトのトップページ（https://scratch.mit.edu）の最下段にある「Download（ダウンロード）」というリンク先（https://scratch.mit.edu/download/）からダウンロードができます。以下のファイルのダウンロード手順はWindows 10上でChromeを使った場合を紹介します。

　Scratch DesktopはWindows 10かmacOS 10.13以上の環境で動作します。お使いのOSを選択してください。Windowsの場合は、Microsoft Store経由で入手するか、インストーラーを直接ダウンロードするかを選択してください。

　Microsoft Store経由の場合は、「入手」をクリックすればインストールできます。

　次からはインストーラーを使った場合の手順を解説します。インストーラーを入手するには「Direct download（直接ダウンロード）」をクリックしてください。

　しばらく待つと、「Scratch Desktop Setup x.x.x.exe（x.x.xはバージョン番号）」というファイルがダウンロードできます。画面左下のファイル名の書かれたボタンを押すと、インストールが始まります。

　表示されるダイアログの「インストール」をクリックしてインストールを開始します。使用するユーザーの指定は、特別な事情がなければ変更する必要はありません。

インストールが完了すると右の画面が表示されるので「完了」をクリックします。

Scratch Desktopが起動します。

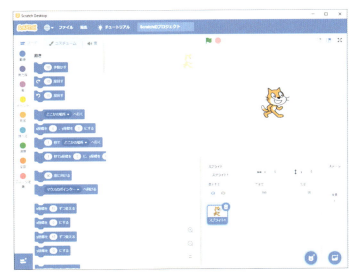

PCのデスクトップに「Scratch Desktop」というアイコンが用意され、アプリ一覧に「Scratch Desktop」が表示されていることを確認してください。

言語設定は自動的に日本語が選択されます。言語の切り替えは画面の左上にある地球儀のマークをクリックして行います。この切り替えの方法は、オンラインでScratch 3.0を使う場合も共通です。

使い方については、Webブラウザーで動作するScratch 3.0 (以下、オンラインエディター) とほとんど違いはありません。プロジェクトの保存や読み込みに関する注意点を次ページにまとめました。

23

1 プロジェクトは自動保存されません。プロジェクトを保存したい場合は、ファイルメニューから「コンピューターに保存する」を選択します。保存先を選び、保存したいファイル名を入力し、「保存」のボタンをクリックします。

保存されたファイルは「sb3」という種類のファイルになります。このファイルをScratch Desktopで読み込みたい場合は、ファイルメニューから「コンピューターから読み込む」を選択します。読み込みたいファイルを選び、「開く」のボタンをクリックします。

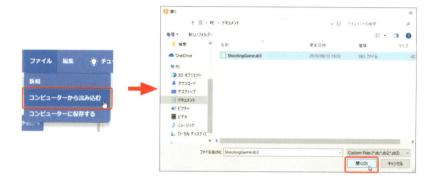

2 Scratch Desktopで作成して保存しておいたsb3ファイルを、オンラインエディターで読み込むこともできます。その場合は、オンラインエディターのファイルメニューの「コンピューターから読み込む」という項目を選択します。オンラインで保存してあるプロジェクトと同じ名前のファイルを読み込んだ場合は上書きされず、別のプロジェクトになります。

3 オンラインエディターで作成したプロジェクトを、Scratch Desktopで編集することもできます。オンラインエディターのファイルメニューにある「手元のコンピューターにダウンロード」を選択すると、プロジェクトのsb3ファイルをダウンロードできます。これをScratch Desktopで開けば、続きから編集できます。

本書の執筆時点のScratch Desktopの機能制限として、オンラインエディターで使える「バックパック」(Stage7を参照)や、ScratchのWebサイト上でのユーザー名を取得するブロック(Stage12を参照)、クラウド変数(Column6を参照)を使うことはできません。また、インターネット接続が必要な拡張機能(「必要なもの」の欄に📶のアイコンがあるもの)は、インターネット接続がない状態では動作しません。

Scratch Desktopのバージョンは左上のScratchのロゴをクリックすると確認することができます。これまでの様子では、オンラインエディターが更新された後にしばらくして、Scratch Desktopも同じ更新が行われた新しいバージョンがリリースされることが多いようです。

Scratchの以前のバージョンである1.4で作ったプロジェクトは「sb」という種類のファイルとして保存されます。Scratch 2.0の場合は「sb2」です。これらのファイルはScratch Desktopで開くことができます。sbファイルやsb2ファイルをScratch Desktopで開いた後で保存すると、sb3ファイルに変換され、1.4や2.0では開けなくなるので注意してください。

Scratch Desktopのダウンロードページの最下部には、1.4や2.0のダウンロードリンクも残っています。以前のバージョンのままで編集を行いたいといった場合には、これらの旧バージョンを活用するとよいでしょう。

STAGE 02
自機を作ろう その1
―キーボードで操縦

　このStageからシューティングゲーム作りを始めます。まずは、プレイヤーが操作する自機を作ってみましょう。Scratchに画像を取り込んでスプライトを作成する方法、キーボードを使ってスプライトを動かす方法について学びます。

2-1 シューティングゲームの概要

　最初に、作成するシューティングゲームの概要について説明します。画面を縦に使ったシンプルなシューティングゲームです。

1 自機　　左右の矢印キーで左右に操作し（前後には動きません）、スペースキーで弾丸を発射します。

2 敵キャラ　画面上から登場し、体当たりや弾丸で自機に攻撃をしかけてきます。敵キャラはボスキャラを含めて3種類を用意し、それぞれ攻撃の方法や動きが異なるようにします。

3 スコア　　敵キャラを撃墜すると、スコアが加算されます。ゲームオーバーになった時点のハイスコアも記録されます。ゲーム中は、画面の左上に表示しておきます。

4 残機　　敵キャラ自体や敵キャラが発射した弾丸に自機が接触すると、残機が1つ減ります。残機が0になるとゲームオーバーになります。スコアと同じくゲーム中は画面左上に表示しておきます。

　ゲーム中の画面イメージを図1に示します。スタート画面やゲームオーバー画面も別に作ります。

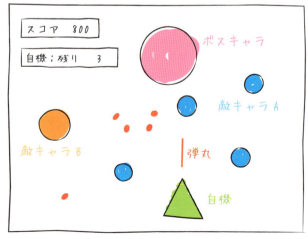

図1

2-2 コスチュームの読み込み

それでは、シューティングゲームを作り始めます。Stage1の作業中であれば、ファイルメニューから「新規」をクリックします（図2）。ScratchのWebサイトのトップページから「作る」のリンクをクリックしても（図3）、新たにエディターが開きます。今後の画面例は図3の方法で新しいプロジェクトを作った場合です。

図2　図3

新しく開いたエディターには、必ずスクラッチキャットが一匹用意されます。このスプライトを改造して、自機にしましょう。Scratchではスプライトの見た目のことを「コスチューム」と呼びます。スプライトのコスチュームを変更するには、ブロックパレットの上部にある「コスチューム」と書かれたタブをクリックします（図4）。

図4

スプライトのコスチュームの一覧とコスチュームを編集するためのペイントエディターが表示されます（図5）。

図5

このペイントエディターを使って自分で好きな絵を描き、それをコスチュームにすることもできます。また、はじめからScratchに用意されている画像や、パソコンに保存してある画像ファイル（SVG、JPG・JPEG、PNG、GIF、アニメーションGIF）を読み込んだり、パソコンのカメラで写真を撮って、それをコスチュームにすることもできます。
コスチュームの一覧の下にあるアイコンにマウスカーソルを合わせると、さまざまな方法でコスチュームを作成できます（図6）。

図6

シューティングゲームに使う画像は本書のWebページ（https://shop.nikkeibp.co.jp/front/commodity/0000/P60450/）からzipファイルとしてダウンロードできます（図7）。

図7

ダウンロードしたScratchShootingGame.zipを展開してください（図8）。本書の画面例では、展開したフォルダーをデスクトップに置いた場合を示しています。

今回使う自機の画像のファイル名はplayer.pngです。

図8

圧縮ファイルのダウンロードと展開

本書のWebページ（https://shop.nikkeibp.co.jp/front/commodity/0000/P60450/）にある「本書で使用する画像のダウンロードはこちらからどうぞ。」にて「こちら」をクリックすると、画像ファイルのzipファイルをダウンロードできます。

Chromeをお使いの場合、ダウンロードが完了すると、ウインドウの下部に右のように表示されます。

Chromeの初期設定では、「ダウンロード」に保存されるようになっています。ダウンロードしたフォルダーを表示したい場合は、ファイルの右側の∧をクリックしてメニューを表示させ、「フォルダを開く」をクリックしてください。

ダウンロードしたファイル「ScratchShootingGame.zip」が保存されているフォルダーが表示されます。Windowsの設定によっては拡張子（.zip）が表示されません。その場合はScratchShootingGameという名前のファイルを探してください。

このファイルは複数のファイルをまとめたzip形式の圧縮ファイルです。画像を利用する前に「展開」を行います。ファイルをクリックして選択し、ウインドウ上部の「展開」というタブをクリックします。

「すべて展開」というボタンが表示されるので、クリックします。

確認のダイアログが表示されるので、「展開」ボタンをクリックします。

展開が終了すると、ScratchShootingGameという名前のフォルダーが生成され、その内容が表示されます。ここに示した方法で展開をした場合、このフォルダーはダウンロードしたファイル（ScratchShootingGame.zip）と同じフォルダー（画面例ではダウンロード）に配置されます。必要に応じて、このフォルダーを別の場所に移動してください。本書の画面例ではこのフォルダーをデスクトップに移動した場合で説明しています。

保存した画像を読み込むには、「コスチュームをアップロード」のアイコンをクリックします（図9）。

図9

ファイルを選択するためのダイアログが表示されるので、デスクトップを表示させます（図10）。

図10

先ほど展開したフォルダー（ScratchShooting Game）を選択して、ファイルの一覧を表示させます。ここから、自機の画像（player.png）を選択して「開く」ボタンを押しましょう（**図11**）。

図11

　コスチューム一覧の最後に自機の画像が読み込まれました（**図12**）。

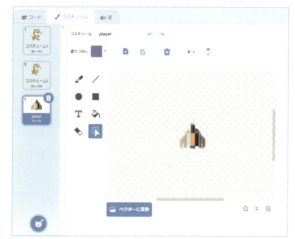

図12

　不要なスクラッチキャットのコスチュームは、コスチュームをクリックすると表示される 🗑 ボタンで削除することができます。2つのスクラッチキャットのコスチュームは削除しておきましょう（**図13**）。

図13

　さて、できあがったスプライトに名前をつけましょう。スプライトにわかりやすい名前をつけると、スムーズに作業が進みます。

　スプライトの名前は、ステージ下のスプライト一覧に表示されています（**図14**）。新しく作成したスプライトは「スプライト＋番号」という名前になります。

図14

| Programming Tips | 理解しやすい名前をつけよう |

　Scratchに限らず、プログラミングをする際には、プログラムの材料となるもの（本文の例ではスプライト）に、誰が見てもわかりやすい名前をつけておくと、作業を効率よく進めることができます。これは、しばらくしてから自分で自分のプログラムを改造する場合にも、そして他人に改造してもらうときにも、役に立ちます。

「スプライト1」と書かれている部分をクリックして削除し、「自機」と入力しておきましょう（図15）。

図15

2-3 キーボードに反応するコード

コスチュームが完成したので、自機をキーボードの左右の矢印キーで動かせるようにしてみましょう。ブロックパレット上部の「コード」というタブをクリックしてから、「イベント」をクリックします。これで、ブロックパレットに黄色のブロックが表示されます。ブロックパレットの上から二番目にある「スペースキーが押されたとき」というブロックをコードエリアにドラッグします（図16）。

図16

このブロックは今まで使ったブロックと形が違います。上が丸くなっているブロックは、何かのイベント（出来事）が起きたときに、それを検知し、下につなげられたブロックを実行する役割を果たします。このブロックの上にブロックをつなげることはできません。今回は矢印キーで自機を左右に操縦したいので、「スペース▼」と書かれている部分をクリックして、「右向き矢印」に変更します（図17）。

図17

ブロックパレットを「動き」に切り替え、ブロックの下に「10歩動かす」をつなげたら、試しに右向き矢印キーを押してみましょう（図18）。自機が右に動きました。

図18

動くスピードが少し速いようです。そのため、「10」の部分を「5」に変更しましょう。Stage1でも解説しましたが、数字を入力するときは、半角で入力します。

また、同じ要領で左矢印キーを押したときに左に動くように、もう1つコードを作ります。動かす方向が左なので、キーは左向き矢印として、動かすのは-5歩としておきます（図19）。

図19

これで目標としたコードは完成したのですが、自機の左右の動きがスムーズではないと感じるかもしれません。これはキーを押し続けたときに文字が入力される間隔（キーリピートともいいます）が、一定の値以上に設定されているからです。このコードのように、キーを押し続けて操作をするようなコードの場合は、少し工夫が必要になります。

　いくつかの対処方法がありますが、「〜キーが押されたとき」というイベントのブロックを使わない方法で対処してみましょう。繰り返しと、条件を調べて処理を実行するブロックを組み合わせて、同じ操作ができるコードを作ってみます。

　まずは、ブロックパレットの「制御」をクリックして、「もし〜なら」というブロックを探します。見つけたらコードエリアに移動しておきましょう（図20）。

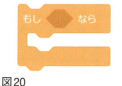

図20

> **Programming Tips**　**唯一絶対の正解はない**
>
> 　プログラミングの魅力の1つは、唯一絶対の正解がないことです。ある動作をプログラムで実現するときには、複数の方法（Scratchの場合には複数のコード）があり得ます。同じことをしているようでも、他人が作ったプログラムでは、その実現方法が異なったりするのです。同じことを書いた文書でも書き手によって文章が異なるのとよく似ています。これを踏まえて、良いプログラムとは何かを考えてみるのもよいでしょう。

　次に、ブロックパレットを「調べる」に切り替え、「スペースキーが押された」というブロックを探します（図21）。

図21

　先ほど用意しておいた「もし〜なら」というブロックの凹んでいる部分に「スペースキーが押された」というブロックを挿入します。挿入には少しコツが必要です。キーが押されたというブロックの左端を凹みの左端に合わせると、凹んでいる部分が白く光ります（図22）。この状態でブロックを離せば挿入ができます。

図22

　次にスペースの部分を押して、右向き矢印に変更しておきましょう（図23）。

図23

　この「もし〜なら」というブロックはStage1で使った「ずっと」というブロックと同じような形をしていますが、少しだけ機能が違います。「もし〜なら」のブロックは、先ほど挿入した六角形のブロックで条件を指定し、その条件が成り立つかどうか調べます。成り立つ場合だけ、このブロックに挟んだコードを実行します。このような処理を「条件分岐」といいます。

右向き矢印キーが押されたときにだけ、自機を右に動かしたい場合は、「5歩動かす」ブロックを挟めばよいわけです（図24）。

図24

先ほど作った黄色いイベントのブロックのうち、右方向に進むコードは不要ですので、削除してから動きを確認してみましょう。コードの削除方法はいくつかありますが、一番手軽なのは、ブロックパレットに削除したいコードをドラッグするという方法です（図25）。

図25

間違えてコードを削除してしまった場合は、コードエリアの何もないところを右クリックしてメニューを表示させ、「取り消し」を選ぶと復活させることができます（図26）。

図26

不要なコードを削除して、2つのコードを用意した状態になりました（図27）。キーボードの左右の矢印キーを押して動作を確認してみましょう。左方向には最初に作ったコードがあるので動きますが、右には動きません。この理由を考えてみましょう。

図27

Stage1で作ったダンスのコードを思い出してください。コードを実行するときには、実行したいコードをクリックする必要がありました。最初に作ったイベントのブロックは、矢印キーが押されるたびに実行されますが、先ほど作った「もし〜なら」のコードはクリックしないと実行されません。

試しに「もし〜なら」のコードをクリックしてみましょう（図28）。実行中の表示である黄色の光は一瞬だけ表示され、すぐに消えてしまいます。右向き矢印キーが押されているかどうかを一回だけ調べているのですが、すぐに実行が終わってしまいます。これでは自機を右に進めることはできませんね。

図28

うまく動かすためには、繰り返して右向き矢印キーが押されているかを調べるようにする必要

があります。そのためには、「ずっと」のブロックを使って、「もし〜なら」というブロックを繰り返し実行するようにします（図29）。

このように、いろいろなブロックを組み合わせていくことにより、複雑な動作をするコードを作っていくことができます。

図29

完成したコードをクリックして右向き矢印キーを押すと、自機が右に進むことを確認してください（図30）。右向き矢印キーを押しっぱなしにしたときの動き始めが、左に動かすときと比較して、スムーズになっていますね。

図30

常に繰り返してキーの状態を調べるように変更することで、32ページで説明したキーリピートの設定値より細かい間隔でキーが押されているかを判定できるようになったからです。

さて、仕上げとして、ゲームを始めるたびにコードをクリックするのは面倒なので、ステージ左上の「緑の旗」ボタンの使い方を説明しましょう（図31）。

図31

「緑の旗」ボタンを押した段階で、必要なコードをすべて実行するようにしておけば、ゲームで遊ぶ人はたくさんのコードをクリックせずに、すぐにゲームを始めることができます。Stage6で紹介しますが、作品を共有して、他のユーザーに遊んでもらうようにする場合は、緑の旗が押されたら適切なコードが実行されるように設定しておく必要があります。また、作品を作っている最中に自分でテストプレイするのにも便利です。なお、右隣の赤いボタンはすべてのコードの実行を止めるボタンです。

この「緑の旗」ボタンが押されたというイベントを検知するためのブロックが、ブロックパレットの「イベント」にあります。それを先ほど作ったコードの先頭に付け加えます（図32）。これで、「緑の旗」ボタンを押せば、自機を右方向に操作できるようになります。

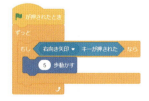
図32

さて、このままでは左右で動かすコードの形式が異なります。右だけでなく、左も同じような方式で動かすように変更してみましょう。まずは左方向に動かすためのコードを削除します。コードは右クリックのメニューから複製することができます。右方向に関するコードを複製してみましょう。

複製したい一番上のブロックを右クリックし、「複製」を選択します。今回の場合は「緑の旗が押されたとき」のブロックの上で右クリックをしてメニューを表示し、その中の「複製」をクリックします（図33）。

図33

> ### 右クリックメニューのコツ
>
> コードを右クリックすると(Macの場合は副クリック)、メニューが表示されて、複製や削除ができます。右クリックをするブロックの位置に注意すると、思ったとおりの操作ができます。
>
> 右クリックをしたブロックと、複製や削除の適応範囲を次の図にまとめます。コード全体を複製したい場合は、コードの一番上にあるブロックを右クリックします（図左）。コードの途中のブロックを右クリックすれば、そのブロックを先頭したブロックの固まりについて操作ができます（図中央）。埋め込まれたブロックを右クリックすれば、そのブロックに関する操作ができます（図右）。削除するブロックが複数になる場合は、削除対象のブロックの個数が表示されるので、確認しながら操作をするとよいでしょう。
>
>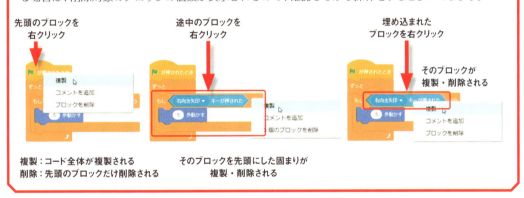

複製したコードのキー設定と、移動の方向を変更することで、手間をかけずにコードが完成しました（図34）。「緑の旗」ボタンをクリックして動作を確認してみましょう。

最初に作った「〜キーが押されたとき」というコード（図19）と比較して複雑になりましたが、自機の動きをスムーズにできました。まずは簡単でもいいので、動作するコードを作ってみたい場合は、最初に作ったコードで十分です。また、操作の際にキーを押しっぱなしにしなければ、「〜キーが押されたとき」というブロックを使っていても問題はありません。

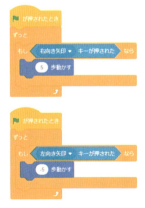

図34

実は図34に示した2つのコードを1つにまとめることもできます。それについては、各自で考えてみてください。

2-4 プロジェクト名の変更

これまでの作品に名前をつけておきましょう。Scratchでは、作った作品のことを「プロジェクト」と呼びます。自分で名前をつけていないプロジェクトには、「Untitled」(複数ある場合は最後にハイフンと数字がつきます)というプロジェクト名が自動的につきます。ステージの上の方にプロジェクトの名前が表示されていることを確認しましょう。2つめに作ったプロジェクトであれば、「Untitled-2」という名前になっているはずです(図35)。

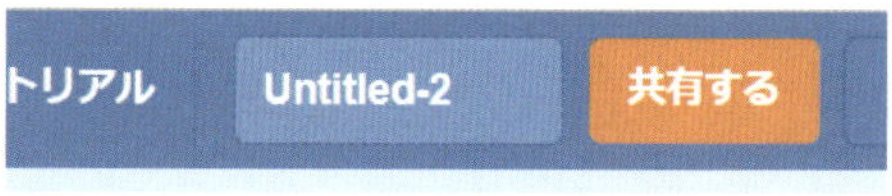

図35

ここにプロジェクトの名前を入力しておきましょう。作ったプロジェクトにきちんと名前をつけておかないと、一覧にUntitledと名前のついたプロジェクトがたくさん並んでしまい、どれがどれだかわからなくなってしまいます。今回は「Shooting Game」としてみました(図36)。「シューティングゲーム」と日本語で入力しても大丈夫です。

図36

エディターの画面右上にある、フォルダーのアイコンをクリックすると(図37)、プロジェクトの一覧が表示できます。

図37

保存されているプロジェクトについて作業の続きをしたい場合は、「中を見る」というボタンをクリックすれば(図38)、エディターが起動します。Webブラウザーを閉じた状態から、プロジェクトに関する作業の続きをしたい場合は、ScratchのWebサイトにアクセスして、サインインします。次に自分のプロジェクト一覧を表示させ、作業をしたいプロジェクトのエディターを起動すればよいわけです。

図38

　ここまででStage2はクリアです。次のStage3では、自機にロケット噴射のアニメーションをつけてみましょう。

Column 2 イベントドリブンプログラミング

　マウスクリックやキーボード入力など、ユーザーの操作によるイベントが起こったときに、特定のコードを実行したい場面は多くあります。ユーザーの操作をはじめとした出来事（イベント）について、それに対応した処理を用意しておくプログラミングの方法を、「イベントドリブン（駆動）プログラミング」と呼びます。

　本文で示したとおり、自機の移動のコードをイベントドリブンで記述する方法と、イベントが起こったかを繰り返して調べる方法（35ページの図34を1つにまとめた解答例です）の対比を示します。一般的には、イベントドリブンで処理を記述した方が、イベントの発生を調べる処理を減らすことができ、理解しやすく、処理の見通しがよくなるプログラムを記述できるとされています。Scratchの場合も、イベントごとにコードが分割されるので、その部分のコードだけをクリックして、テストが行えるという利点があります。

イベントドリブンで記述したコード

繰り返してイベントが発生したかを調べるコード

　Scratchでは、「イベント」のブロックパレットに用意されているブロックを使って、イベントごとの処理を用意します。対象となるイベントは「緑の旗が押されたとき」や、「メッセージを受け取ったとき」（詳細はStage7で解説します）だけでなく、キーボードやマウスに関するイベントなども受け取ることができます。

　例えば、スクラッチキャットが押された（クリックされた）ら、吹き出しを表示し、猫の鳴き声の効果音を鳴らす場合、右図のようなコードを作ります。これを応用すれば、ステージにボタンのようなスプライトを用意し、ユーザーがボタンを押したら何かの処理を実行することもできます。

クリックされたときの処理を用意しておく

ニャー

　Scratchに限らず、他のプログラミング言語を使った場合でも、ボタンやメニューなどのグラフィカルユーザインターフェース（GUI）を作る場合は、ボタンやメニューなどの部品に対して、クリックされた場合の処理を定義しておくという方法が主流です。例えば、Apple社のiOSで動作するiPhoneアプリ等を作成する場合は「Xcode」という統合開発環境を使います。Xcodeを使ってアプリの画面をデザインして、ボタンが押されたときの動作を定義している画面例を次に示します。Scratchとは画面の構成やコードの様子は異なりますが、スプライトにコードを定義するのと似たような雰囲気は感じてもらえるのではないかと思います。

Xcode Documentation – Interface Builder Connections Helpより

　なお、本文中でも解説したように、キーを押し続けて操作するような場合については、少し工夫が必要です。キーを押し続けたときに文字が入力される間隔（キーリピート）は、通常一定の値以上に設定されています。自機のようにキーを押し続けて操作をするような場合はコードに工夫をしないとスムーズに操作できません。本文中では繰り返しを使って常にキーが押されているか調べる方法を使いました。他の方法として、「〜まで繰り返す」のブロックを使い、一度キーが押されたら、離されるまで繰り返すようにすると、スムーズに左右に動かすことができるようになります。

　このコードは、左右の矢印キーが押されると常に実行され、自機を操作できます。そのため、例えばゲームオーバー後に自機の操作ができないようにしたい場合は、キーが押されたというイベントが発生した後に、ゲームの状態を調べる必要があります。ゲームの状態を設計し、コードの実行を制御する方法はStage11で扱います。

STAGE 03

自機を作ろう その2
―ロケット噴射のアニメーション

　Scratchでは、パラパラ漫画のように複数のコスチュームを切り替えることで、スプライトにアニメーションの効果を追加できます。Stage3では、Scratchに付属するペイントエディターの使い方をマスターしながら、自機にロケット噴射のアニメーションを加えてみましょう。

3-1　ペイントエディターの利用

　Scratchにはペイントエディターが付属しています。ペイントエディターを使って自由に絵を描き、それをスプライトのコスチュームにすることができます。

　ペイントエディターの使い方をマスターするために、シューティングゲームとは別の新しいプロジェクトを作ってみましょう。ScratchのWebサイトにログインした状態で「作る」をクリックすると（**図1**）、新しいプロジェクトを作成できます。

図1

　コスチュームの絵を描き、新しいスプライトを作る場合は、スプライト一覧の右下にあるアイコンにマウスカーソルを重ねてメニューを表示させ、「描く」をクリックしてください（**図2**）。Scratchの画面左半分でペイントエディターが起動します。

図2

　ペイントエディターが表示されたら、最初に練習で絵を描いてみましょう。ビットマップモードの方が手軽に絵を描きやすいため、「ビットマップに変換」のボタンを押します（**図3**）。ペイントエディターのモードがビットマップモードに変更されます。「描く」をクリックした直後はペイントエディターがベクターモードで起動するため、モードを切り替えたのです。こうしたモードの違いは48ページのColumn3「ビットマップとベクター」で詳しく解説しています。

図3

　ビットマップモードのペイントエディターの画面を**図4**に示します。試しに何か絵を描きながら、機能を確認してみてください。

40

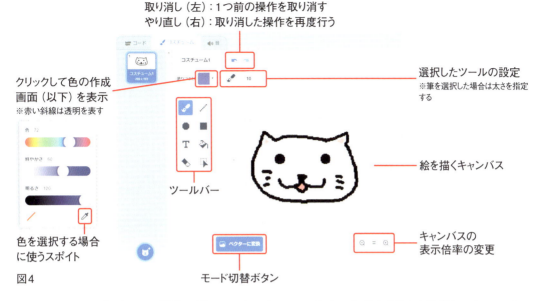

図4

ツールバーの各ボタンの機能は図5のようになっています。まずは「筆」を選択し、ドラッグで自由に絵を描いてみるなどして操作に慣れましょう。ペイントエディターに描いた絵をコスチュームにしたスプライトが、ステージ上に表示されたでしょうか。この後で前回の作業結果を読み込むので、今は絵の出来具合を気にしないでスプライトを試しに作ってみましょう。

図5

さて、ペイントエディターで遊んだところで、Stage2の作業の続きに取り掛かりましょう。保存しておいたShooting Gameプロジェクトを開きます。プロジェクトの一覧を見るためには、画面右上のフォルダーのアイコンをクリックします（図6）。

Shooting Gameプロジェクトの「中を見る」というボタンをクリックし（図7）、Stage2で行った作業の続きを始めます。

図6

図7

まずはステージの背景を黒く塗りつぶして、宇宙空間のような演出を加えてみましょう。スプライト一覧からステージをクリックします（図8）。

図8

　次に「背景」というタブをクリックして、ステージのコスチュームの一覧を表示します（図9）。スプライトの場合は「コスチューム」という名前のタブが表示されますが、ステージの場合だけは「背景」という名前でタブが表示されます。

図9

　まずはペイントエディターをビットマップモードに切り替えて、ツールボタンのバケツ（塗りつぶし）をクリックして選択します。

　塗りつぶしの色を黒に設定（色・鮮やかさ・明るさのすべてを0に）し、キャンバスをクリックすると全面が黒く塗りつぶせます（図10）。

図10

3-2 コスチュームの追加

　次に自機をアニメーションとして表示するために、コスチュームを追加しましょう。スプライトは複数のコスチュームを持つことができるので、これをパラパラ漫画のように切り替えれば、アニメーションを作成できます。今回はロケット噴射の様子を表現した4コマのアニメーションを作ってみましょう（図11）。

図11

Stage2でダウンロードして展開した「Scratch ShootingGame」という名前のフォルダーがデスクトップ（別の位置に配置した場合はその場所）にあるはずです。このフォルダーの中には各コマの自機の画像が入っています（図12）。2コマ目の画像ファイルはplayer2.pngです。3コマ目の画像はplayer3.pngです。4コマ目の画像は2コマ目と同じplayer2.pngを使います。

図12

画像の読み込み方法はStage2（29～30ページ）で扱いました。まず、スプライト一覧から自機をクリックします。次に「コスチューム」のタブをクリックしてください。コスチューム一覧の下にあるアイコンにマウスカーソルを重ねて、「コスチュームをアップロード」をクリックし（図13）、デスクトップにあるScratchShootingGameというフォルダーを開きます。そこで、player2.pngという画像を選択し、「開く」ボタンを押してください。

図13

この手順をplayer3.pngについても行い、2つの画像を追加で読み込みます。自機が合計で3つのコスチュームを持つようにします（図14）。

コスチュームの順番を変更したい場合は、画像をドラッグして並び替えをすることができます（図15）。

図14

図15

それぞれのコスチュームには名前をつけることができます。名前を変更したい場合は、ペイントエディターの上部に表示されているコスチュームの名前を入力するボックスをクリックし、つけたい名前を入力してください（図16）。今回はコスチュームの名前を変更する必要はありませんが、自分で最初からプログラムを作るときには、スプライトの名前と同様、コスチュームにもわかりやすい名前をつけるように心がけましょう。

図16

43

4コマのアニメーションにするためには、コスチュームが1つ足りません。そこで、2番目のコスチュームをコピーしましょう。2番目のコスチュームを右クリックし、表示されたメニューから「複製」を選択します（図17）。

　うまく順番を入れ替えて、ロケット噴射無し→ロケット噴射小→ロケット噴射大→ロケット噴射小の順番でコスチュームが用意できれば準備は完了です（図18）。

図17　　　　　　図18

アニメーション用のコスチュームを作る方法

　自分で最初からアニメーション用のコスチュームを作る場合は、まずは一番目のコマとなるコスチュームを用意します。このコスチュームを複製し、ペイントエディターで少しだけ変更します。これを繰り返していけば複数のコマが用意できます。

3-3 アニメーションのコード

　複数のコスチュームの準備ができたので、それを切り替えるためのコードを作ります。

　まず「コード」のタブをクリックしておきます。前に作った操縦のための2つのコードがあるはずです。操縦のためのコードに加えて、先ほど用意したコスチュームを切り替えるためのコードを追加します。「見た目」をクリックし、「次のコスチュームにする」というブロックをコードエリアに移動して、クリックしてみましょう（図19）。これで、用意した複数のコスチュームを順番に切り替えることができます。

　「次のコスチュームにする」ブロックを連続してクリックしてみましょう。最後のコスチュームに切り替わってから再度「次のコスチュームにする」ブロックをクリックすると、先頭のコスチュームに戻ります。このブロックを繰り返し実行できれば、アニメーションができますね。

　Stage2でも使った「ずっと」のブロックを使って、「次のコスチュームにする」というブロックを挟み込み、繰り返して実行するように設定します（図20）。コードが完成したら、クリックして実行してみましょう。

図19

図20

プログラムの実行結果を見てみると、2つの問題点があることに気付かれたでしょうか。

1つめの問題は、コスチュームを切り替えるスピードが速すぎることです。次のコスチュームに切り替え終わったら少し待ってほしいですね。その場合は「1秒待つ」というブロックを加えて、繰り返しのタイミングを調整します。1秒だと少し遅すぎるので、ブロックの「1」と書かれた部分をクリックして0.2と入力してみましょう（図21）。これで、「次のコスチュームに切り替えて0.2秒たったら、その次のコスチュームに切り替える」動作を繰り返せます。

今回は切り替えの間に待つ秒数を0.2に設定しましたが、この秒数を調整すればアニメーションの速さを自由に調整できます。ロケット噴射の変化をゆっくりと表示したい場合は、秒数を0.2より大きくします。逆にアニメーションを早送りしたい場合は、設定する秒数を0.2より小さくすればよいわけです。

図21

2つめの問題点は、スプライトが上下に振動してしまうことです。各コスチュームには「中心」があり、コスチュームの切り替えや回転などは、その「中心」を基点に行われます。大きさが異なる複数の画像を読み込んだので、各コマのコスチュームの中心がそれぞれ異なった位置に自動で設定されてしまったことが、この振動の原因です。

ロケット噴射の部分を追加しているコスチュームは少しだけ大きくなっています。そのため、ロケット噴射のないコスチュームとは中心がずれてしまうのです。コスチューム一覧に、「○×○」という形式でコスチュームの大きさが表示されているので、確認してみましょう（図22）。

図22

振動をなくすために、各コスチュームの中心の設定を行います。キャンバスの中央には十字と丸を組み合わせた「中心」の印が表示されています（図23）。

図23

ツールバーの「選択」をクリックして、自機の画像全体を選択すると、キャンバスの自由な位置に画像を移動させることができます。中心の印の上に画像があると位置を合わせるのが難しいので、画像を下の方に移動して、機首の先頭の部分が中心になるように移動すると簡単です（図24）。

4つの全コスチュームについて、同じ位置に中心を設定してみましょう。少し細かい作業ですが、がんばってください。マウスでも画像を移動することができますが、矢印キーを使うと細かく画像を移動することができます。

図24

機首の先頭が中心の印に重なるように画像を移動する

スプライトの中心と座標の関係

スプライトの中心として設定した点がスプライトの座標になります。スクラッチキャットのコスチュームの中心は、初期設定で右図の赤丸の位置になっています（口の左のあたり）。座標についての詳細は、次のStage4を参照してください。

例えば、スクラッチキャットのx座標とy座標をそれぞれ0にしたときは、ステージの中心（x:0、y:0）に移動します。この場合、口の左（コスチュームの中心）がステージの中心（x:0、y:0）になります。

中心は口の左に設定されている

この点がスクラッチキャットの座標になる

キャンバスに表示されている画像が小さくて設定しにくい場合は、ペイントエディターの右下の虫眼鏡のアイコンを何回かクリックして、表示倍率を拡大すると作業がしやすいでしょう（図25）。

これで2つの問題が解決したので、最後にアニメーションを開始するタイミングを設定しましょう。「緑の旗が押されたとき」にアニメーション用のコードが実行されるように設定します（図26）。

図25

図26

Programming Tips 原因の特定

プログラミングをしていると、「プログラムを作って試しに動かしてみると、自分の意図していた動作とは違う動きをする」ことが多々あります。今回は、繰り返しの速度やコスチュームの位置が原因で、それを調節することにより意図した動作にできました。このように、まずは「意図していた動作とは違う動きをする原因」を特定する必要があります。原因を特定するためには、どういった方法があるのかを考えてみるとよいでしょう。

自機のコードは合計で3つになりました。Scratchのコードエリアには、コードを自由な位置に置くことができますが、コードの数が増えてくると管理しにくくなります。

コードエリアのコードが置いていない場所を右クリックすると、メニューが表示されます。メニューから「きれいにする」を選択すると、自動的にコードを整列できます（図27）。この機能を活用して、コードを常に整理して配置しておくとよいでしょう。

図27　「きれいにする」を選ぶ

コードが消えてしまったと思ったら

作っていたはずのコードが消えてしまって、コードエリアに何も表示されない！と思ったら、焦らずにスプライト一覧を確認してください。右図のようにステージが選択された状態になっている場合が多いです。このような状態では、ステージに作ったコードは表示されますが、自機に作ったコードは表示されません。

Programming Tips　整理整頓

プログラミングをスムーズに進めるコツの1つに、自分の作ったプログラム（Scratchの場合はコードのブロック）を常に整理しておくことがあげられます。左ページで紹介したコードの自動整列もその1つです。このほか、不要になったテスト用のコードの断片を小まめに削除しておくことも有効です。

このStageで最初に作成したペイントエディターの練習用のプロジェクトは、不要であれば削除しておきましょう。プロジェクトの一覧を表示して「削除」というリンクをクリックすれば（図28）、そのプロジェクトを削除できます。

図28

削除されたプロジェクトは「ゴミ箱」というカテゴリに移動します（図29）。

図29

間違えて削除してしまった場合は、「元に戻す」をクリックします。ゴミ箱に入っているプロジェクトを完全に削除したい場合には、「Empty Trash（ごみ箱を空にする）」をクリックしてください（図30）。ScratchのWebサイトにログインする際のパスワードを入力すれば、削除が完了します。

図30

ここまででStage3はクリアです。次のStage4では、いよいよ敵のキャラクターが登場します。

Column 3 ビットマップとベクター

スプライトのコスチュームを編集する場合、ペイントエディターには「ビットマップモード」と「ベクターモード」という二種類のモードがあります。モードの切り替えは、キャンバスの左下にあるモード切り替えボタンで行います。

- **ビットマップモード**……画像を多数の小さな画素で構成し、それぞれの色の情報を記録した「ビットマップ画像」を扱います。拡大や縮小などの処理を行うと画質が劣化します。
- **ベクターモード**………画像を構成する曲線や直線について、始点と終点、それらを結ぶ線の種類や色などを図形情報として記録した「ベクター画像」を扱います。少ない情報量で図形を記録でき、拡大や縮小をしても画質は劣化しません。ただし、写真のような画像を扱うのには不向きです。

ビットマップモードのツールバーについては本文で紹介しましたので、ここではベクターモードのツールバーの機能を紹介します。ベクターモードでは、選択ツールで図形を選択すると、図形の操作が行えます。これらの図形操作ボタンについても整理しておきました。

図形をクリックで選択する……選択 （図形操作ボタンがクリックできるようになる）		形を変える……制御点を選択して図形を変形する	
自由に線を描く……筆		消しゴム……描いたものを消す	
クリックした図形を塗りつぶす……塗りつぶし		テキスト……テキストを入力する	
直線を描く……直線		円……円や楕円を描く （シフトキーを押しながら描くと正円になる）	
四角形を描く……四角形 （シフトキーを押しながら描くと正方形になる）			

ベクターモードの図形操作ボタン

①　②　③　④　⑤　⑥

- ①グループ化……選択した複数の図形を1つのグループにする
- ②グループ解除……グループ化を解除する
- ③手前に出す……選択した図形を前面に移動する
- ④奥に下げる……選択した図形を背面に移動する
- ⑤最前面……選択した図形を最前面に移動する
- ⑥下げる……選択した図形を最背面に移動する

プロジェクトを新たに作成したときに用意されるスクラッチキャットは、ベクターモードで編集ができるようになっています。ベクターモードは、図形の拡大や縮小で画質が劣化しないことに加えて、個々の図形を選択して個別に編集や移動ができるのも利点です。ビットマップモードでは、一度キャンバスに描いてしまった部品を個別に分けて編集や移動はできません。

複数の部品をまとめて
拡大・縮小・移動できる

部品ごとに編集や
移動ができる

拡大・縮小しても画像
の鮮明さは保たれる

　ベクター画像を扱える代表的なソフトウェアとして、Adobe Illustratorがあります。こうしたソフトウェアを使ったことがないと、最初はベクターモードのペイントエディターの操作方法にとまどうかもしれません。しかし、使っていくうちに次第に慣れていくと思います。ビットマップモードで絵を描くので十分という場合も多いので、描きたいコスチュームの特性に合わせてモードを使い分ければよいでしょう。

　なお、ベクターモードで作成したコスチュームについては、ペイントエディターをビットマップモードに切り替えると、ビットマップ画像に変換されてしまいます。元のベクター画像には戻せませんので、注意が必要です。

　ベクターモードで作成したコスチュームを書き出した場合は、「SVG」という形式のファイルになります。この形式のファイルはAdobe Illustratorをはじめとした、ベクター画像を扱うことができるドローソフトで読み書きできます。ドローソフトから書き出したSVG形式のファイルをScratchにアップロードすれば、ベクターモードで編集することも可能です。

コスチューム一覧からSVG
形式で書き出しができる

STAGE 04

敵キャラを作ろう その1
―座標を使ったコード

このStage4と次のStage5では、敵キャラを作っていきます。まずはスプライトを座標で制御するコードの作り方を学びましょう。ステージの上端から敵キャラが登場し、ステージの下端まで移動すると、ステージの上端へワープして何度も登場するようにしてみます。

4-1 敵キャラのスプライト作成

まずは敵キャラのスプライトを作成しましょう。スプライト一覧の右下にはスプライトを作るためのボタンがあり、マウスカーソルを重ねるとメニューが表示されます。それぞれ、新しく作るスプライトのコスチュームの指定方法が異なります。Stage2ではスクラッチキャットのコスチュームを変更して自機を作成しました。このメニューを使えば、まったく新しいスプライトを作ることができます。それぞれのメニューの機能の違いを示します（**図1**）。

❶手元のコンピューターにある画像ファイルをコスチュームにする
❷Scratchに用意されている画像をランダムに選んでコスチュームにする
❸ペイントエディターでコスチュームを描く
❹Scratchに用意されている画像をコスチュームとして選択する

図1

保存した画像ファイルから新しくスプライトを作る場合は、「スプライトをアップロード」ボタンを使います。このボタンを押してから、画像ファイルを選択すると、新しいスプライトが用意されます（**図2**）。画像をアップロードしてスプライトを作った後に、ペイントエディターで手直しをすることも可能です。

敵キャラの画像はenemy.pngですので、ファイル選択画面で選択してスプライトを作成しましょう。

図2　enemy.png

敵キャラのスプライトが用意できたら、名前をつけておきましょう。画像をアップロードしてスプライトを作成した場合は、画像のファイル名がスプライトの名前として設定されます。自機と同じように、ステージ下のスプライト一覧に名前を入力します。

スプライトの名前は「敵キャラ」と入力しておきましょう（図3）。

これで2つのスプライトが用意できました（図4）。

図3

図4

4-2 座標による移動のコード

ここでの敵キャラの動きは、ステージの上端から登場し、一番下まで進むとステージの上端にワープして再度登場するようにしたいと思います（図5）。途中で撃墜された場合などは後で考えることにしましょう。一度にコードを完成させるのは大変です。完成目標を決めて、それを分析し、単純な動作や仕組みに分解して、少しずつ作るのがよい方法です。

図5

敵キャラは円形なので、回転しながら下に進むようにしたいと思います。単純に考えると、図6のようなコードで実現できそうです。作って動きを確認してみましょう。

図6

敵キャラはどのように動いたでしょうか。このコードですと、円を描くように移動してしまい、想定した動きとは違います。このコードでは、スプライトを「5歩（進行方向に）動かし」、次に「（コスチュームの中心を基点として）5度回す」ことを繰り返します。回転するたびに進行方向が変わるので、これを繰り返すと円を描く動きになります（図7）。

図7

　Scratchでは、「動かす」ブロックを使ったときのスプライトの進行方向をスプライトの「向き」と表現しています。スプライトの一覧に表示されている数字がこの「向き」を示しています（図8）。

図8

　「回す」ブロックを使うと、スプライトの向きが変化しますが、数値で向きを指定することもできます。「90度に向ける」というブロックがそれです。右が90、左が-90、上が0、下が180（もしくは-180）です。
　ブロックの数字をクリックすると、マウスを使って指定したい向きを選択できます（図9）。直接数字を入力することもできます。

図9

　また、スプライト一覧に表示されている向きの数字をクリックすると、マウスで向きを調整することができます（図10）。この部分に直接数字を入力して向きを変更することもできます。

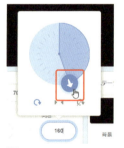

図10

　向きについての説明はこのくらいにしておき、敵キャラを回転させながらステージの下方に移動させるコードを作りましょう。
　スプライトの向きと関係なくスプライトを移動させるには、その座標をコードから変えるという方法があります。スプライト一覧の画面にxとyというラベルのついた表示があります（図11）。これがスプライトの中心の座標です。
　ステージ上のスプライトをマウスで動かして、この数字が変化することを確認してみましょう。この部分に数字を直接入力し、スプライトの座標を変更することもできます。

図11

ステージの座標は図12のようになっています。横軸がx、縦軸がyです。原点はステージの中心です。ステージは横480、縦360の大きさを持ちます。つまり、横（x軸）は-240〜240の範囲、縦（y軸）は-180〜180の範囲となります。

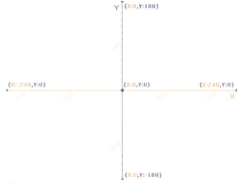

図12

この図はステージの座標を確認するために、あらかじめ座標が書かれたステージ用の背景画像です。試しにこの背景を読み込んでみましょう。

スプライト一覧からステージをクリックして選択します（図13）。

図13

次に「背景」のタブをクリックします（図14）。

図14

下の方にある「背景を選ぶ」をクリックすると（図15）、最初から用意されている背景の画像から好みのものを選ぶことができます。なお、「背景を選ぶ」のアイコンにマウスカーソルを重ねると表示されるメニューのうち、「虫眼鏡」の形のアイコンをクリックしても同じように背景の画像を選択できます。

図15

一覧からXy-gridをクリックします（図16）。

図16

ステージの背景に座標の情報が表示されました（図17）。横軸がx、縦軸がyです。敵キャラをステージの下に動かしたい場合は、y座標を減らしていけばよいことが確認できたでしょうか。

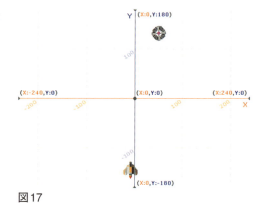

図17

しばらくはこのままの背景でもよいのですが、元の宇宙空間のような背景に戻したい場合は、スプライト一覧からステージを選択し、「背景」のタブをクリックします。先頭の背景1をクリックすれば背景を戻すことができます（図18）。Xy-gridは不要なら背景から削除します。ただし、座標に慣れるまでは、Xy-gridの背景を残しておき、必要に応じて切り替えてステージの座標を確認するとよいでしょう。

図18

Programming Tips 座標系

Scratchに限らず、さまざまなプログラミング言語において、画面上の位置を指定するために座標が使われます。プログラミング言語の種類によって、座標系（原点をどこに設定するか、どの方向に座標の値を増加させるか）は異なります。そのため、使っているプログラミング言語がどのような座標系を採用しているかを確認する必要があります。

さて、先ほど確認したように、敵キャラを下に移動させるためには、縦方向のy座標を減少させるようにコードを組み立てればよいですね。回転も加えるとすると、図19のようなコードになります。作って実行してみましょう。

図19

4-3 敵キャラをワープさせるコード

敵キャラは登場した後、しばらく動くとステージの下まで移動し、その場で回転するようになります。ステージの下端まで来たらもう移動しない状態です。これをさらに改良し、ステージの下

端に来たかどうか調べて、ステージの一番上にワープするようにしてみましょう。

　ステージの上端にワープさせるためには、「y座標を〜にする」というブロックを使います。今回はステージの上端に移動させたいので、数字の部分を160と入力します（図20）。この処理をステージの下端についた場合だけに実行できればよいはずですね。ステージの上端だから180ではないか？と思った読者の方は、もう少し先まで読んでください。この後に説明する条件分岐のブロックを組み込んでから、数値を180に変更してコードを実行してみましょう。160と指定した理由がわかるはずです。

図20

　Stage2では、キーが押されたか否かを条件として指定しました。今回は敵キャラがステージの端に接触したか否かを調べます。まずは「もし〜なら」というブロックを使って、ステージの下端に接触したかを調べ、上端にワープさせる部分のコードを作ってみましょう。条件分岐の「もし〜なら」ブロックを用意して、「調べる」の中から「マウスのポインターに触れた」というブロックを条件の部分に挿入します（図21）。

図21

　この「マウスのポインターに触れた」というブロックは、ステージの端や他のスプライトとの接触判定にも使うことができます。

　今回はプルダウンメニューから「端」を選択します（図22）。

図22

　次にワープをさせるためのブロックを追加しましょう。y座標を160に変更するブロックを条件分岐のブロックで挟みます（図23）。

図23

先ほどまでに作っておいた移動のためのコードに、できあがった条件分岐のブロックを組み込めば完成です（図24）。これで少し移動するたびにステージの端に来たかどうかを調べることができます。

図24

さらに、緑の旗が押されたら一度ステージの右上の位置に移動するという初期化の処理を加えましょう。「緑の旗が押されたとき」というブロックの下に「x座標を50、y座標を160にする」というブロックを加えます。これでひとまず完成です（図25）。緑の旗を押して動きを確かめてください。

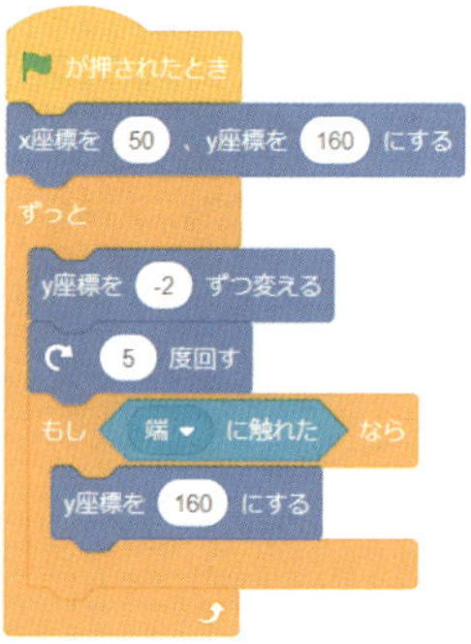

図25

Programming Tips　準備運動と整理運動

コンピューターで何かの処理をするとき、目的の処理（本処理）を行うための準備を指して、「初期化」や「前処理」という場合があります。運動をする前には怪我なくスムーズに運動ができるように、ストレッチなどの準備運動をしますよね。それと似ています。

また、運動後の整理運動に相当する処理もあります。例えば、本処理で一時的に使った不要なファイルの削除などです。こうした処理は「終了処理」や「後処理」などと呼ばれます。

選択した「端」はステージの「四方の端」のことを示しています。そのため、このコードの場合、敵キャラがステージの左右の端や上端に触れてもステージの上に戻ることになります。ステージの上端に移動させるための数字の部分を160としたのはこれが理由です。

試しに2カ所あるy座標の160を180にして敵キャラの動きを観察してみてください（図26）。ステージの上に張り付いたまま、下に移動しなくなりましたね。y座標を180にしてしまうと、常に上端に触れていることになり、同じ位置（y座標が180）にワープをし続けてしまうのです。

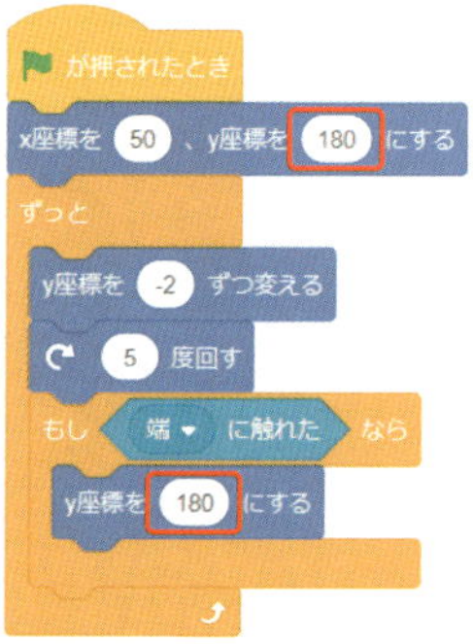

図26

56

この問題をどのように解決したらよいでしょうか。いくつかの方法がありますが、「端に触れたなら」という条件の部分を、ステージの下端の座標を調べるように変更する方法を紹介しましょう。

条件分岐の条件に指定できるのは六角形のブロックです。Stage2で使った「〜キーが押されたとき」や、「〜に触れた」以外にも六角形のブロックがあります。ブロックパレットの「演算」を押して、緑色のブロックが表示されるように切り替えましょう。「端に触れた」というブロックを外して削除し、不等号の書かれたブロックと入れ替えます（図27）。

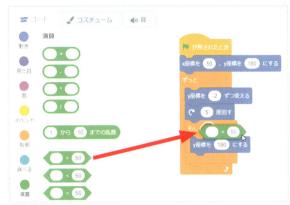

図27

この不等号の書かれたブロックは不等号を挟んだ左右の窪みに入れたブロックや数字を比較して、それが成り立つかを調べるものです。今回は敵キャラの座標が-180未満になったことを調べれば、敵キャラがステージの下端まで到達したかを調べることができます。まずは右の窪みに-180と入力します（図28）。

図28

次に「動き」のカテゴリーにブロックパレットを切り替えます。下の方に、「y座標」と書かれた小さなブロックがあります。これは現在の敵キャラのy座標を示すブロックです。これを左の窪みに挿入します（図29）。

図29

これでコードは完成です（図30）。うまく動作するかを確認してみましょう。

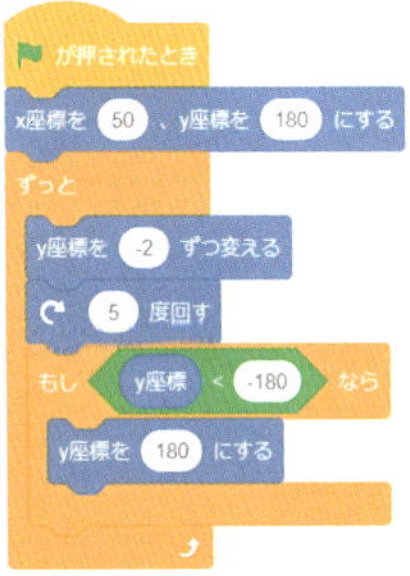

図30

これまでの内容を整理するために、図25のコードをフローチャートやアクティビティ図という図法で表現してみましょう（**図31**）。

フローチャートでは、四角が処理を、ひし形が条件分岐を表現しています。「はじめ」からスタートして、順番に下の四角に処理が移動している様を矢印の線で表現しています。アクティビティ図では、黒丸が処理の開始を表現し、角丸四角形で処理を表現します。ひし形は条件分岐や処理の合流を、矢印で処理の流れを表現します。

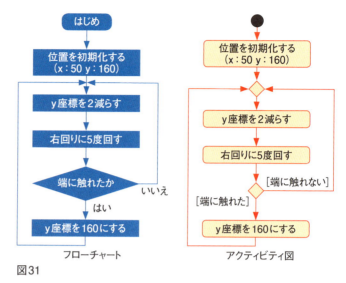

図31

端に触れない間は「y座標を2減らす」と「右回りに5度回す」を繰り返します。端に触れた場合は、「y座標を160にする」を実行してからまた「y座標を2減らす」と「右回りに5度回す」を繰り返します。

Scratchでは視覚的にコードの構造が理解しやすいように工夫されています。図31に示した図法は元々、文字で書かれたプログラムを視覚的にわかりやすくするために用いられてきました。ですからScratchを使っている場合、事前にフローチャートやアクティビティ図を記述してからコードを書く必要はあまりないでしょう。ただし、複雑なコードを考えるときには、事前に紙などに構想をまとめてから実際のコードを組み立てた方が、効率よく想定通りの動きを実現できる場合があります。また、誰かとコードの構造を議論したいときは、ホワイトボードなどに処理を図解したものを描けば円滑に情報が共有できるでしょう。そうしたときも、フローチャートやアクティビティ図の記法に必要以上に縛られる必要はありません。

> **Programming Tips** フローチャートやアクティビティ図の記法を覚える≠プログラミング
>
> フローチャートやアクティビティ図の記法を覚えて正しく処理を記述できることは「プログラミング」ではありません。プログラミングの本質とは「与えられた課題を理解・分析して、それを手順に分解・詳細化し、プログラムとして記述可能なアルゴリズム（処理手順）として組み立てる」ことです[※]。手順を図解することで、プログラミングの過程の「理解・分析」や「分解・詳細化」が円滑に行えることはありますが、それがすべてのように考えるのは禁物です。
>
> ※ UNESCO, Information and Communication Technology in Education, 2002
> https://unesdoc.unesco.org/ark:/48223/pf0000129538

ここまででStage4はクリアです。次のStage5では、敵キャラをさらに改造して、簡易版ですが自機との当たり判定を作ってみましょう。

STAGE **05**

敵キャラを作ろう その2
―乱数と複製

引き続き、敵キャラを作っていきます。このStage5では敵キャラを改造しながら、乱数を使う方法、スプライトの複製方法、色を使った当たり判定について解説します。まだシューティングゲームとしては未完成なのですが、自機に敵キャラとの当たり判定の簡易版を加えることで、「敵から逃げるゲーム」としての基本形は完成します。

5-1 乱数を使ったコード

現状のコードでは、毎回同じ横位置に敵キャラが出現します。出現する横位置をランダムに変えるため、「乱数」というブロックを使ってみましょう。

「演算」というボタンをクリックしてブロックパレットを切り替え、緑色のブロックが表示されるようにします。「1から10までの乱数」というブロックを探してください（**図1**）。このブロックをほかのブロックの数値の部分に埋め込むことで、そのブロックが実行されるたびに異なる数値を指定できます。

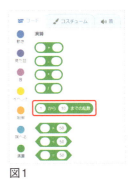
図1

乱数のように、数値を表現するための両端が丸いブロックは、クリックをすると現在の数値が吹き出しで表示されます。試しに乱数のブロックをクリックしてみてください。毎回違う数値が表示されます（**図2**）。

図2

まずは、緑の旗が押されたときの初期位置を変更します。「緑の旗が押されたとき」の真下にある位置調整のためのブロックの、x座標の数値の部分に乱数のブロックを埋め込みます（**図3**）。

図3

次に乱数の範囲を設定しましょう。ステージの左端のx座標は-240でしたね。ステージの座標についてはStage4の53ページを参照してください。敵キャラが隠れない範囲でステージの左に登場するときのx座標は-220となります。同じように右端は220でよいでしょう。乱数ブロックに数字を入力します（図4）。

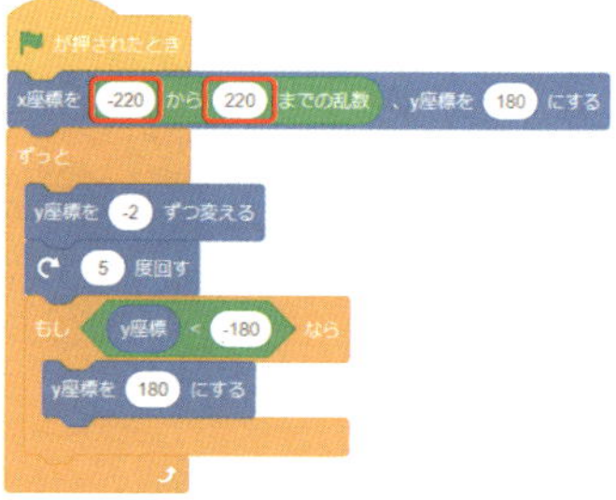

図4

これで緑の旗を押したときに、毎回違う位置に敵キャラが登場するようになりました。緑の旗を押して、動作を確認してみましょう。コードを改造していくときには、少し変更するごとに実行して動作を確認し、間違いがあれば修正するというように、作業を着実に進めるとよいでしょう。

さらに、ステージの上端にワープしたときにも違う横位置に出現するようにしてみましょう。ステージの下端まで到達したときに、x座標を乱数で変更すればよいですね（図5）。

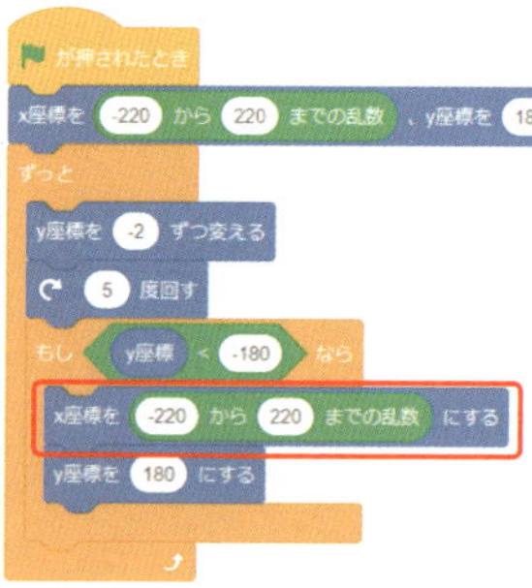

図5

さて、緑の旗が押された直後の初期化のコードでは、x座標とy座標を一度に変更するブロックを使っています。一方、下端まで到達したときの処理はx座標とy座標で別のブロックを使っています。初期化の処理に合わせた方が使うブロック数も少なくできるので、これを機会に変更しておきましょう（図6）。

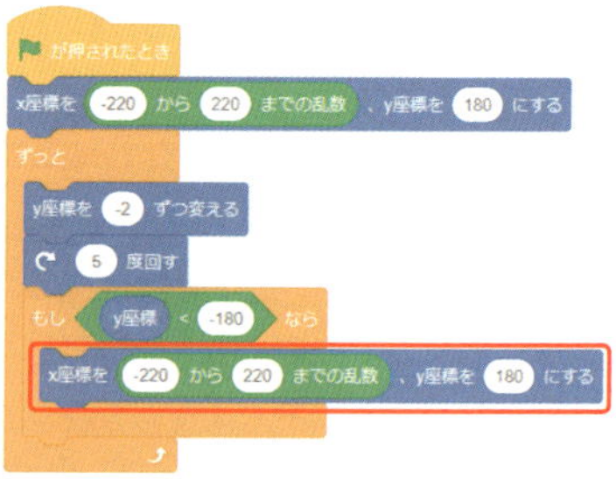

図6

Programming Tips　リファクタリング

図6でブロックを入れ替えたように、プログラムの動作を変更せず、その内部の構造を整理することを、専門用語で「リファクタリング」といいます。まずは動作するプログラムを作ってから、その構造を整理することがあるでしょう。自分にも他人にもわかりやすいように、常にプログラムを整理しておくことが重要です。

5-2 敵キャラの複製

さて、敵キャラが1機だけでは寂しいので、複製をしてみましょう。複製の方法はいくつかあります。ここでは、スプライトの一覧から複製したいスプライトを右クリックし、複製をクリックする方法を試してみましょう（図7）。

図7

複製をするとコスチュームとコードが一緒にコピーされます。スプライトには、コスチュームやコード以外にもデータを追加することができます。複製をするとこれらのデータもコピーされます。データの詳細についてはStage10で紹介します。

敵キャラが無事複製できました。自動的に名前も「敵キャラ2」になっていることを確認してください（図8）。

図8

なお、右クリックで表示されるメニューからスプライトの削除もできます（図9）。

図9

> ### プロジェクトの複製
>
> ファイルメニューから「コピーを保存」を選択すると、スプライトと同じように、プロジェクトも複製することができます。複製したプロジェクトの名前には「copy」という文字列が追加されます。「ShootingGame」を複製すると、「ShootingGame copy」という新しいプロジェクトが作られます。

実行してみると、少し問題があることに気付いたと思います。毎回同じタイミングで敵キャラが2機とも出現してしまうのです。ゲームによってはこれでもよいかもしれませんが、異なるタイミングで敵キャラが登場するように工夫してみましょう。

敵キャラが同時に出現する原因は、緑の旗が押されたときにすぐに移動を開始してしまうことにあります。緑の旗が押されたら、少し待ってから敵キャラを登場させるようにしてみましょう。すべての敵キャラが同じだけ待っているのでは意味がありませんので、ここでも乱数を使って敵キャラのコードを修正してみます。

図10

では、敵キャラ（敵キャラ2ではありませんのでご注意ください）のコードを改造してみましょう。

まずは「1秒待つ」というコードを初期化の処理に追加します（図10）。

次に乱数のブロックを「1秒待つ」の数字の部分に埋め込みます（図11）。

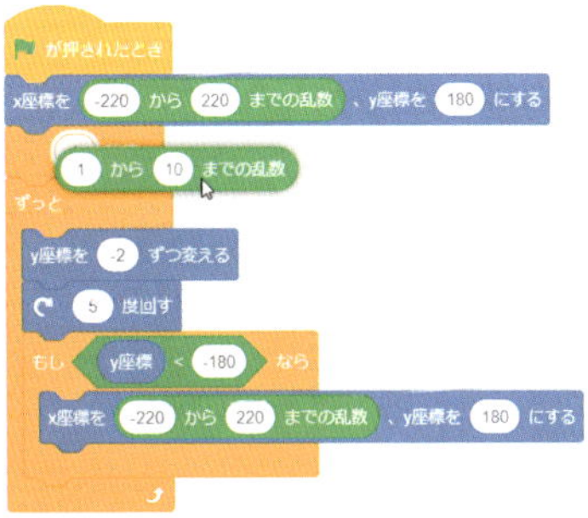

図11

最後に乱数の数値を調整しましょう。今回は1秒から5秒の間で待機すればちょうどよいと思います（**図12**）。

実行をしてみるとわかると思いますが、登場する前にステージの上端で停止しているのが見えてしまい、少し格好が悪いですね（**図13**）。

図13

図12

そこで「隠す」というブロックを使ってこの問題を解決してみましょう。ブロックパレットの「見た目」に「隠す」や「表示する」というブロックが用意されています。「隠す」ブロックを使うと、スプライトを透明にできます（「削除する」という意味ではありませんのでご安心ください）。位置が決まって1秒～5秒待ってから、「表示する」を実行して移動を開始するというコードにします（**図14**）。これで緑の旗を押してしばらくすると、敵キャラが襲ってくるような演出にできました。

図14

さて、コードが完成しましたので、再度複製をしましょう。まずは「敵キャラ2」を削除し、コードを変更した「敵キャラ」を再び3機複製して、合計4機の敵キャラを用意すれば完成です（**図15**）。

図15

このように、スプライトを複製してから問題を発見して、元のコードを修正することもあります。スプライトを一度にたくさん複製してしまうと、再度すべてのスプライトのコードを修正するか、複製したすべてのスプライトをいったん削除し、再度複製をすることになるため、手間がかかります。ひとまずスプライトを1つだけ修正し、動作を確認してから必要な数を複製するのがよいでしょう。

ショートカットキーの活用

　Scratchでは他のアプリと同じく、キーを組み合わせて入力することで、マウスを使わずに操作を行うショートカットキーを使うことができます。コードを複製したい場合は、複製したいコードをクリックした後に、CtrlキーとCのキーを同時に押すと、「コピー」ができます。コピーしたコードはCtrlキーとVのキーを押せば「貼り付け」をすることができます。

　コードの「コピー」と「貼り付け」以外にも、CtrlキーとXのキーでコードの「切り取り」や、CtrlキーとZのキーで「元に戻す」といった操作もできます。

　なお、Macをお使いの場合は、Ctrlキーの代わりにCommandキーを使います。

5-3 簡易版の当たり判定

　自機が敵キャラに触れたら消えるように、当たり判定を試してみましょう（当たり判定はStage7でも詳しく扱います）。

　当たり判定のやり方には、いくつか選択肢が考えられます。1つめは、当たり判定のコードをどのスプライトに作るかです。2つめは、触れたことを検知する方法です。今回は自機に当たり判定のコードを作ってみましょう。また、触れたことを検知するために、色を使った方法を採用します。

　さっそく自機に当たり判定のコードを追加しましょう。アニメーションのためのコードに追加してもよいのですが、アニメーションと当たり判定は別の機能を持ったコードです。そのため、分けて作っておいた方が、コードの見通しがよくなり、改造も容易になります（図16）。

図16

　コードにある「○色に触れた」というブロックの作り方を説明します。色が表示されている楕円形の部分をクリックすると、色を作成するための吹き出しが表示されます。吹き出しの一番下にあるスポイトをクリックし

ステージ上の敵キャラの
紫色の部分をクリック

図17

てから、ステージ上の敵キャラの紫色の部分を選択します（図17）。これで敵キャラの中心部分に自機が当たると、自機を隠すことができます。

　今後のStageでは、このほかの敵キャラも登場しますが、すべての敵キャラの一部に紫色を使っています。これで、どんな敵キャラと衝突しても、このコードは期待どおりに動作します。

　ここでは、当たり判定とアニメーションのコードを別々にしました。極端な例ですが、矢印キーによる操作を含め、すべての動作を順番に実行するようなコードにする方法もあります。そのコードは図18のようになります。試しに作って実行してみると、自機の左右の動きがスムーズではなくなり、当たり判定も失敗することがあります。コスチュームの切り替えの速度を調整するための「0.2秒待つ」が繰り返しの最後に入っているのが原因です。また、コードのどの部分がどのような処理をしているかがわかりにくく、見通しの悪いコードになっています。

　プログラムに唯一絶対の正解はないのですが、Scratchを使っている場合は、無理やりコードを1つにまとめるよりは、役割ごとに分けて作っていく方がスムーズに作業ができる場合が多いでしょう。

図18

当たり判定を作る方法として、敵キャラのコードで使った「〜に触れた」というブロックを使うこともできます。ただし、敵キャラの種類が増えるごとに自機のコードを改造する必要があります。参考までに、敵が4機の場合を示します（図19）。敵キャラがさらに増えた場合には、コードを改造する必要がありますね。色を使うと敵キャラ以外に紫色が使えなくなるという欠点はあるものの、敵キャラの数や種類を増やしても自機の当たり判定のコードの改造は不要です。

当たり判定の詳細については、Stage7で再度説明します。

ここまでで、敵キャラを避けるだけの単純なゲームが完成しました（図20）。自機をステージの下の方にドラッグし、矢印キーの左右ボタンを使ってプレイしてみてください。敵キャラに当たると自機が消えることも確認してみましょう。

これでStage5はクリアです。次のStage6では、ScratchのWebサイトでプロジェクトを公開し、オンラインのコミュニティサイトとして活用するための方法について紹介します。

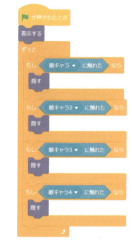

図19

図20

プレゼンテーション（発表）モード

　ステージの右上にある ⛶ をクリックすると、ステージをWebブラウザーの画面いっぱい（フルスクリーン）まで広げることができます。プロジェクトを発表したりするときにも便利ですし、大きな画面でゲームをテストプレイできます。元の表示に戻したい場合は、拡大されたステージの右上にある ⛶ をクリックしてください。

　この機能を活用すれば、Scratchで動きのあるプレゼンテーションを作って発表などに活用することができます。作例を以下のURLから見てみましょう。

https://scratch.mit.edu/projects/178040314/

　このページを表示し、プレゼンテーションモードに切り替えてみてください。スペースキーを押すと、動きのあるプレゼンが進んでいきます。

STAGE 06
プロジェクトを共有しよう

　ScratchのWebサイトには、プロジェクトを作成するエディター以外にもたくさんの機能があります。このStageでは、ScratchのWebサイトの活用方法、および、世界中のScratcher（Scratchのユーザーのことです）と交流する方法を学びます。

6-1　プロジェクトの共有とリミックス

　まずはプロジェクトの一覧画面を確認してみましょう。これまで作ってきた「Shooting Game」のタイトル部分をクリックすると（**図1**）、プロジェクトページが開きます（**図2**）。

図1

　作成したプロジェクトは当初、自分しか見ることができない設定になっています。このシューティングゲームは「作りかけ」ですが、左右のキーで敵キャラを避けるというゲームの基本の部分はできあがっていますので、思い切ってScratchのWebサイトで共有してみましょう。

　「使い方」のラベルの下の部分をクリックして、プロジェクトの概要や操作方法などを記入します。ゲームの場合でしたら、操作方法に加えて、クリアの条件や点数の加算方法などのルールを記入するとよいでしょう。

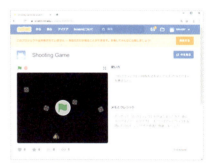

図2

　「メモとクレジット」については、プロジェクトを作るときに参考にした情報を記入します。プロジェクトに使った画像や音源のクレジットなどを記載するとよいでしょう。インターネット上の素材を使ったプロジェクトを共有する際は、共有前に著作権の侵害がないかどうかを確認してください。これらの説明は、英語で書いておくと海外のScratcherにも見てもらえます。ただし、慣れないうちは日本語でもよいでしょう。

　ここに書いた情報はインターネット上で誰でも閲覧できるので、個人情報などは記入しないように注意してください。誰かにお礼を言いたい場合は、あだ名やScratchのWebサイトのユーザー名を使うとよいでしょう（**図3**）。

図3

準備ができたら、「共有する」ボタンを押します（図4）。

図4

これでこのプロジェクトはインターネット上に公開されました（図5）。画面の上の方にメッセージが表示されたと思います。「誰でも試したり、コメントしたり、リミックスできるようになりました。」とあります。ScratchのWebサイトにユーザー登録をしていない人でも、プロジェクトを見て、実行できるようになりました。

図5

また、ユーザー登録をしている人は、プロジェクトにコメントを投稿することも可能です（図6）。

図6

共有を中止したい場合は、プロジェクトの一覧画面の該当するプロジェクトにある「共有しない」をクリックします（図7）。

図7

さて、共有したときのメッセージにあった「リミックス」とは何でしょうか。ScratchのWebサイトで共有されたプロジェクトは、「中を見る」というボタンを押せば（図8）、コードを閲覧することができます。

図8

優れたプロジェクトの中身を見ることで、自分のコードの参考にすることもできます。他のユーザーのプロジェクトの「中を見る」画面には、「リミックス」というボタンが表示されます（図9）。このボタンを押すと、そのプロジェクトを丸ごとコピーし、それを改造したものを作ることができます。

図9

同じ操作は「中を見る」の左に表示されている「リミックス」のボタンからも行うことができます（図10）。

図10

リミックスのためにコピーしたプロジェクトの名前は、元の名前の後に「remix」が付け加えられます。また、プロジェクトページにリミックスに関する謝辞が自動的に表示されます（図11）。

図11

ScratchのWebサイトでプロジェクトを共有するということは、他のユーザーが「リミックス」することを許可するということです。Stage7で説明するバックパックを使ってプロジェクトの一部を使わせてもらった場合などは、「メモとクレジット」の欄に謝辞を記載するとよいでしょう。

クリエイティブ・コモンズ・ライセンス

　ScratchのWebサイトで共有したプロジェクトと、それに含まれる素材はCreative Commons Attribution-ShareAlike 2.0 Generic（表示 - 継承 2.0 一般）のライセンスに同意したものとみなされます。このライセンスの日本語訳は、**https://creativecommons.org/licenses/by-sa/2.0/deed.ja**から閲覧することができます。
　クリエイティブ・コモンズの一般的な解説については、**https://creativecommons.jp/licenses/**を参照してください。

Programming Tips　オープンソースソフトウェア

　ソフトウェアの設計図であるソースコード（Scratchでいうところのコードです）を公開し、改良や再配布が行えるようにしたソフトウェアのことを「オープンソースソフトウェア」と呼びます。Scratchや関連ツールの多くについて、そのソースコードが公開されています。Scratchを開発しているMITのLifelong Kindergarten Groupはオンライン上にソースコードを公開する「GitHub」というWebサービスでソースコードを公開しています（**https://github.com/LLK**）。GitHubにはScratchのリミックスと似た「Fork」という仕組みが用意されています。このFork機能を利用することで、公開されたソースコードをコピーして機能を追加することが簡単にできます。

プロジェクトがどれだけ閲覧されたか、どれだけリミックスされたかは、プロジェクトページに表示されているステージの下に表示されます（図12）。プロジェクトページの右下にはリミックスで制作されたプロジェクトの一覧も表示されます。

図12

画面の右の方に表示されている「リンクをコピー」を押すと（図13）、プロジェクトが閲覧できるアドレスや、WebサイトやSNSにプロジェクトを埋め込んで表示するためのコードが表示されます。

図13

6-2 コミュニティ機能の活用

ScratchのWebサイトでは、複数のプロジェクトを1ページに集めるための「スタジオ」という機能が用意されています。自分や他のユーザーのプロジェクトを1カ所に集めることができるので、コンテストのような用途にも利用できます。ユーザーが自由にプロジェクトを追加できように設定できるので、例えば新年の挨拶のプロジェクトを集めるスタジオ（図14）を作っておいて、ユーザーに登録してもらうといった使い方ができます（**https://scratch.mit.edu/studios/5598873/**）。

図14

スタジオは、プロジェクトの一覧ページの右上の「新しいスタジオ」ボタンで作成できます（図15）。

図15

プロジェクトと同じように、スタジオのタイトルや説明書きを入力できる画面が表示されます（図16）。

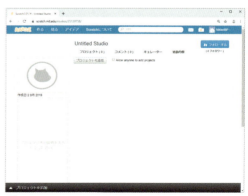

図16

タイトルや説明書きはクリックすると入力できます。「Allow anyone to add projects（誰でもプロジェクトを追加できるようにする）」にチェックを入れれば（図17）、誰でもこのスタジオにプロジェクトを追加できます。

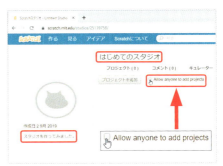

図17

特定のユーザーにだけ、プロジェクトを選んで追加する役割（キュレーター）を任せたい場合があるかもしれません。それには、キュレーターというタブを選択し、「キュレーターを招待する」ボタンをクリックしてユーザーを指定します（図18）。

図18

キュレーターに招待されたユーザーには通知が届きます（図19）。

図19

招待されたユーザーが承諾すれば（図20）、キュレーターとしての登録が完了します（図21）。

図20

図21

スタジオの表紙として使う画像を変更する場合は、図22のように「変更」という部分をクリックします。

図22

スタジオにプロジェクトを追加するには、次のようにします。

まず「プロジェクト」タブをクリックして、画面の下にある「プロジェクトを追加」という黒いバーをクリックします。プロジェクトの一覧が表示されるので、追加したいプロジェクトを選択します（図23）。

自分のプロジェクトだけでなく、お気に入りや最近見たプロジェクトからもプロジェクトを追加できます。

図23

追加したいプロジェクトページの「スタジオに追加」というボタンをクリックしても、スタジオにプロジェクトを追加できます（図24）。

図24

次は、プロフィールのページを更新してみましょう（図25）。

図25

「私について」や「私が取り組んでいること」の欄に記入をしておけば、自分がどんな人なのかを知ってもらうことができます（図26）。この部分にも個人情報を記載しないように注意が必要です。

図26

プロフィールページの下の方には、「お気に入りのプロジェクト」や「フォロー」という欄があります（図27）。

図27

STAGE **06** プロジェクトを共有しよう

　各プロジェクトのページには「お気に入り」に登録するための、星印のアイコンがあります（図28）。プロジェクトをブックマークしておく機能として利用できます。ここでお気に入りに登録したプロジェクトは、プロフィールページの一覧に表示されます。

図28

　なお、このプロジェクトが好きな場合は、隣のハートマークをクリックするとよいでしょう（図29）。

図29

　お気に入りのユーザーが見つかった場合、フォローをしておくと活動状況がまとめて閲覧できて便利です。試しに、本書に関連するプロジェクトを共有している「NikkeiBP」というユーザーを探してフォローしてみてください。画面上部の検索ボックスにユーザー名を入力してエンターキーを押してプロジェクトを検索し、ユーザー名の部分をクリックするか（図30）、https://scratch.mit.edu/users/NikkeiBP/のアドレスを入力してプロフィールページにアクセスします。

図30

　プロフィールページが表示されたら、「フォローする」というボタンを押せば（図31）、フォロー完了です。

図31

　フォローをすれば、トップページの「最新の情報」にフォローしたユーザーの活動が表示されるようになります（図32）。

図32

　画面右上には、通知を閲覧するための手紙のアイコンが表示されていると思います。アイコンの右上に表示されている数字は未読の通知数です（図33）。手紙のアイコンをクリックすると、Scratchのサイトからのいろいろな通知が表示されます。定期的にチェックするとよいでしょう。

図33

　もう一度、サイトのトップページを見てみましょう。さまざまな情報が掲載されていますね。左上に表示されている「Scratchへようこそ！」という部分は、ユーザー登録をした後に一定期間だけ表示されます（図34）。

図34

71

×ボタンをクリックすると、この部分に「最新の情報」が表示されるようになります（図35）。

図35

トップページの下の方に表示されているプロジェクトには、以下があります。
- 注目のプロジェクト：Scratchチームによって選ばれたプロジェクト
- 注目のスタジオ：Scratchチームによって選ばれたスタジオ
- キュレーター名が選んだプロジェクト：一般公募のキュレーターが推薦するプロジェクト
- スクラッチデザインスタジオ：出題されているテーマに沿ったプロジェクト
- フォローしているスクラッチャーの作品・お気に入り：自分がフォローしているユーザーのプロジェクトやお気に入り
- コミュニティで現在リミックスされているもの：多くの人にリミックスされているプロジェクト
- コミュニティが好きなもの：多くの人から「好き」をクリックされたプロジェクト

画面上部の「見る」というリンクをクリックしても、ジャンルごとに多彩なプロジェクトを閲覧できます（図36）。

隣の「アイデア」というリンクからは、初心者向けのチュートリアルや教師用の資料などが閲覧できます（図37）。

図36

図37

ページの一番下にある「ディスカッションフォーラム」というリンクからは（図38）、フォーラム（掲示板）を利用することができます。ユーザー同士の情報交換や告知、質問などに利用できます。

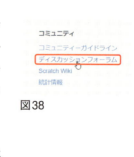
図38

英語での情報交換がメインになりますが、日本語専用のフォーラムもあります。「Scratch Around the World」の「日本語」というフォーラムをクリックしてみてください（図39）。

図39

72

フォーラムには、話題を整理するための複数のトピックが掲載されています（図40）。

自分が話したい内容のトピックがあるかを探して投稿することができます。新しい話題を提供したい場合は、画面右上の「New topic（トピックを作る）」という青いボタンをクリックし、新しいトピックを作成するとよいでしょう。そのとき、すでに類似のトピックがないか、確認してからにしましょう。質問やプロジェクトの宣伝は固定（Sticky）された専用のトピックがあります。

図40

このフォーラムにはScratchのブロックの画像を簡単に投稿できる仕組みも用意されています（図41）。具体的なコードを示して質問ができる場合などは、この機能を活用してみるとよいでしょう。

図41

ScratchのWebサイトには、さまざまな年齢、性別のユーザーが集まっています。サイトに掲載されているコミュニティのガイドラインをよく理解し、友好的で創造的なコミュニティの一員として行動するようにしましょう＊（図42）。ネット上といえども、実社会と同様の振る舞いが求められます。

＊コミュニテイガイドラインは常に見直しが行われています。最新のものは以下を参照してください。 https://scratch.mit.edu/community_guidelines/

図42

6-3 その他の関連サイトとコミュニティ

画面上部の「Scratchについて」をクリックすると、Scratchに関連したサイトやガイドなどの情報が表示されます（図43）。英語で書かれた資料もありますが、一度どんなものがあるかを確認しておくとよいでしょう。

図43

Scratchを使っている教育関係者向けのコミュニティサイトとして、ScratchEd（https://scratched.gse.harvard.edu/）があります（図44）。日本語の情報は少ないですが、例えば教師用のカリキュラムガイドの日本語訳などはここからダウンロードすることができます（https://scratched.gse.harvard.edu/resources/creative-computing-scratch-30-japanese-version.html）。Scratchを使ったさまざまな学習活動の投稿、教材の共有、議論のための掲示板、イベントの告知などの機能があります。学校などでScratchを利用しようと思っている先生にとっては有益な情報が得られると思います。

図44

Scratchの情報をみんなで編集・共有できる、Japanese Scratch-Wiki（https://ja.scratch-wiki.info/wiki/）というサイトもあります（図45）。最初は英語版のWiki（https://en.scratch-wiki.info/wiki/）しかありませんでしたが、現在は有志によってさまざまな言語でWikiが運営されています。

図45

Scratchを使った活動には、インターネット上のバーチャルなコミュニティに加えて、リアルなコミュニティもたくさんあります。毎年5月にはScratch Day（https://day.scratch.mit.edu/）というイベントが世界各地で開かれています。日本でも各地で開催されているので、地元のScratch Dayを探して参加したり、自分で企画をして開催してみるのもよいでしょう。

子供向けのワークショップを展開しているOtOMO（https://otomo.scratch-ja.org/）や、各地で活動するCoderDojo（https://coderdojo.jp/）などでもScratchが使われています。

ぜひリアルなコミュニティの活動にも参加してみてください。

ここまででStage6はクリアです。次のStage7から、シューティングゲームのプログラミングに戻って、ゲームを完成させていきます。

STAGE 07

弾丸を発射させよう

このStageでは、自機から弾丸を発射する機能を作っていきます。弾丸を発射する方法はいくつか考えられますが、まずは一番シンプルな一発ずつ弾丸を発射する方法を実現してみましょう。弾丸が着弾したことをスプライト間で共有するために、「メッセージ」という仕組みも使います。

7-1 弾丸のスプライト作成

まずは弾丸のコスチューム（といっても単なる長方形です）を用意します。

ポイントはスプライトの向きと並行に弾丸のコスチュームを配置することです。弾丸の画像（bullet.png）はサポートサイトからダウンロードした、自機や敵キャラの画像と一緒のフォルダーにあります。これを読み込んでスプライトを作ります。

図1

「スプライトをアップロード」をクリックし（図1）、弾丸の画像（bullet.png）を選択してから「開く」ボタンをクリックします（図2）。

図2

読み込まれた直後の弾丸は横（90度）を向いているはずです（図3）。

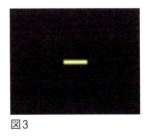

図3

スプライト一覧の「向き」の数字をクリックして、半角で0と入力してエンターキーを押します。これで弾丸が上に向くはずです(図4)。向きの部分の数字をクリックすると、向きを調整するための矢印が表示されます。この矢印を上にドラッグして調整してもかまいません。

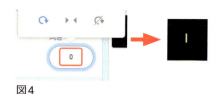

図4

スプライトの名前を忘れずに「弾丸」に変更しておきましょう(図5)。

図5

7-2 弾丸発射のコードと当たり判定

続いて、スペースキーが押されたら、弾丸が発射されるようにします。今の時点では弾丸の連射を想定していないので、今までと同じ要領で、弾丸のスプライトにコードを作っていきます。まず、スペースキーが押されたら、弾丸がステージの端に着くまで進むコードを考えてみましょう。

今回は「〜まで繰り返す」というブロックを使っています(図6)。

図6

このコードではいつも同じ場所から弾丸が発射されてしまいますし、一度発射すると二度と発射できなくなってしまいます。コードを改造しながら、これらの不備を解消していきましょう。

まずは、スペースキーが押されたら、弾丸の位置を自機の位置に移動するようにします。「どこかの場所へ行く」というブロックを使います。これは座標を使わずにスプライトを移動できるブロックです。「どこかの場所」をクリックしてメニューを表示させ、「自機」に変更します(図7)。

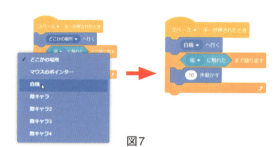

図7

これでスペースキーを押すと、自機から弾丸が発射できるようになりました*。

しかし、このコードではステージの上端についた弾丸が見えたままになってしまいます。ステージ上端につくと隠れるようにして、発射する前に表示されるように変更します(図8)。

図8

* Scratch 2.0のオフラインエディターでは、入力モードが半角でないとスペースキーでの操作ができませんでした。Scratch 3.0では全角でも正しく動作します。

76

さらに、緑の旗が押されたときに弾丸を隠すコードを追加しておきます（図9）。

図9

隠れたスプライトを表示する

「隠す」ブロックでスプライトを非表示にした状態から、再度スプライトを表示させたい場合、スプライト一覧から表示させたいスプライトの ◉ をクリックします。本文で使っている「表示する」のブロックをクリックしても同じことができます。

座標を使ったコードの書き換え

「自機へ行く」ブロックは、その内容が直観的にわかりやすいですね。同じ働きをするブロックを、座標を使って作るとしたらどうなるでしょうか？「弾丸のx座標とy座標」を「自機のx座標とy座標」にすればよいので、右のようになります。

「自機のx座標」ブロックは、「調べる」カテゴリーの中にあります。このブロックはスプライトのいろいろな情報を取得できる便利なブロックです。「x座標」の部分をクリックしてメニューを表示させると、取得したい情報の種類を選択可能です。このブロックは便利な反面、スプライトを別のプロジェクトで使うときには注意が必要です。座標などの情報を取得しようとしているスプライトが同じプロジェクトにない場合は、メニューから改めて指定する操作が必要です。

Stage5で自機と敵キャラの当たり判定を作りました。これと同じ方法で敵キャラと弾丸が衝突すると、敵キャラが隠れるようにコードを追加します。

敵キャラは現在4機ありますが、すべてに同じコードが必要です。そこで、あるスプライトに作ったコードを別のスプライトにコピーする方法も合わせて紹介します。まずはスプライト一覧から敵キャラをクリックします（図10）。

図10

移動のコードに加えて、図11のような着弾を判定するコードを追加します。これは色を使って弾丸との当たり判定を行うものです。敵キャラが弾丸に衝突しているかを調べて、弾丸に衝突していたら自分自身を隠します。

　この着弾を判定するコードを別の敵キャラにコピーするために、「バックパック」という機能を使ってみましょう。
　バックパックはよく使うコードやスプライトをしまっておくための仕組みです。一度しまったコードやスプライトをコピーして取り出すことができます。

図11

　まずはコードエリアの下にある領域をクリックして、バックパックを開きます（図12）。

図12

　開いたバックパックの中に着弾を判定するコードをドラッグすると、バックパックに登録されます（図13）。

図13

　このバックパックはどのスプライトを選択していても表示することができます。敵キャラ2を選択してからバックパックを開き、登録したコードをコードエリアにドラッグすれば、そのコードが敵キャラ2にコピーできます（図14）。

図14

バックパックはプロジェクトごとではなく、「ユーザーに1つ」用意されています。コードだけでなく、スプライトも登録できるので、別のプロジェクトにスプライトをコピーしたい場合にも使うことができます。バックパックに登録したコードやスプライトは右クリックから削除できます（図15）。不要になったものは削除しておくとよいでしょう。

図15

先にバックパックを使ったコードのコピー方法を紹介しました。同じプロジェクトにあるスプライト間でコードをコピーしたい場合は、もっと手軽な方法もあります。コピーしたいコードをドラッグして、コピー先のスプライトの一覧の上で離してください（図16）。この方法でも、コードを別のスプライトにコピーできます。

図16

これで着弾の判定コードが完成しました。テストプレイをしてみるとわかるように、一度着弾して消えた敵キャラは復活しません。ゲームのデザインによってはこれでもよいのですが、すぐに敵キャラがいなくなってしまうのは困るので、再度登場するように移動のコードも更新しておきます。

途中で着弾して隠れた状態になった敵キャラも、ステージの上端までワープするタイミングで表示させるようにします（図17）。4体すべてのコードを更新するのを忘れないようにしてください。

図17

ステージの縮小表示

画面の狭いPCを使っている場合、コードエリアの表示が小さくて作業がしにくい場合があります。そうしたときは、ステージの表示を縮小してコードエリアを広くすることができます。

それには、ステージの右上にある 🗗 をクリックします。

ステージが縮小表示され、コードエリアが広がります。

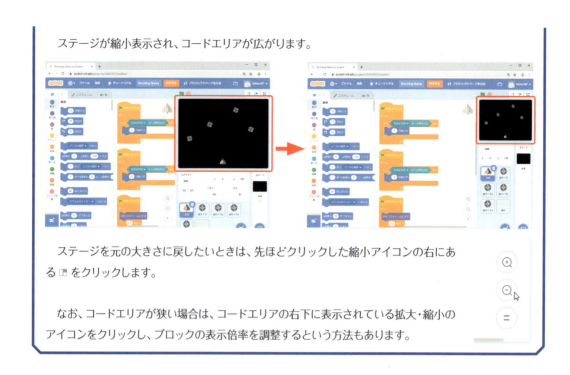

ステージを元の大きさに戻したいときは、先ほどクリックした縮小アイコンの右にある をクリックします。

なお、コードエリアが狭い場合は、コードエリアの右下に表示されている拡大・縮小のアイコンをクリックし、ブロックの表示倍率を調整するという方法もあります。

7-3 非貫通弾の作成

先ほど作った敵キャラの着弾判定では、弾丸は敵キャラを貫通してしまいます。弾丸を貫通させない方法について考えてみましょう。スプライト間やコード間で実行のタイミングを知らせるための「メッセージ」を使うことで、問題の解決を試みます。

まずは、一番簡単に考えつきそうな方法を試してみましょう。現在は敵キャラのスプライトに、図18のような当たり判定のコードが用意してあります。弾丸の色に当たったら、自分自身を隠すというコードですね。

図18

これと同じように、弾丸のスプライトにも敵キャラに使ってある色に当たったら自分自身を隠すというコードを組み込めばよいのではないでしょうか。実際に作って試してみましょう（図19）。

図19

緑の旗を押して、何度か弾丸を発射し、撃墜のテストをしてみましょう。敵キャラが消えるときと、弾丸が消えるときの両方がありますね。敵キャラと弾丸が同時に消えることはありません。

　これはコードが実行されるタイミングが関係しています。弾丸と敵キャラそれぞれにお互いの色に触れたら自分自身を隠すというコードが用意されています。どちらかのスプライトが先に消えれば、他方のコードの色による当たり判定が効かなくなり、「隠す」というブロックが実行されません。これがどちらか一方が消えてしまう原因です。先に弾丸のスプライトの当たり判定のコードが実行されれば、敵キャラに作った当たり判定のコードは（すでに弾丸は隠されているので）実行されません。逆も同じです（図20）。

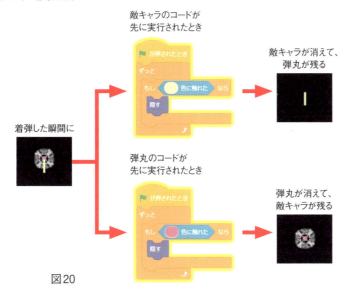

図20

　つまり、各スプライトに用意したコードの実行される順番が制御できない状態では、確実に両方を隠すことができません。敵キャラ自身に弾丸が着弾したことを検知した後、そのことを弾丸のスプライトに伝えることができれば、この問題は解決できそうです。Scratchには、自分自身を含めたすべてのスプライトとステージにお知らせを送り、それを受け取ったタイミングでコードを実行するための仕組みが用意されています。これを「メッセージ」と呼びます。

Programming Tips　マルチスレッドプログラミング

　Scratchでは複数のスプライトがそれぞれのコードを同時に実行するモデルでプログラムを組み立てていきます。このようなプログラミングを「マルチスレッドプログラミング」と呼びます。本文中で示したように、それぞれのスプライトにあるコードは独立して実行されているので、実行の順番を制御するためには工夫が必要です。

　メッセージの仕組みをScratchに登場する三体のオリジナルキャラクターで説明します。実際にプロジェクトで試してみたい場合は、Shooting Gameとは別のプロジェクトを新たに作りましょう。

まず、Gigaにメッセージを送信するためのコードを用意しておきます。メッセージには名前をつけることができ、この名前で区別されます。今回は「挨拶」というメッセージを送信するコードを用意しました。PicoとNanoには、挨拶のメッセージを受け取ったときに実行するコードを用意します。同じメッセージを受け取った場合でも違う動作を定義しておくこともできます（図21）。

図21

Programming Tips　ポリモルフィズム

本文の例で示したように、「挨拶」という同じメッセージを送った場合でも、スプライトごとに受け取ったときの反応を変えることができます。メッセージを送る側は、受け取る側の動作を気にせずに、ただメッセージを送るだけです。受け取る側が独自の動作をして、多様な振る舞いをするわけです。こうしたプログラミングの仕組みのことをポリモルフィズムと呼びます。

Gigaの「挨拶を送る」というコードが実行されると、Gigaのスプライトを含め、ステージ上に存在しているすべてのスプライトにメッセージが配信されます。ある特定のスプライトだけにメッセージを送るといったことはできません。図示はしていないものの、ステージにもこのメッセージは配信されます。

メッセージが配信されたスプライトに、そのメッセージを「受け取ったとき」というブロックが用意されていれば、そのブロック以降が実行されます（図22）。配信されたメッセージを受け取るコードが用意されていなければ、メッセージが配信されても、何も起こりません。

図22

基本的には各スプライトに関係するコードを作っていくという方針で作業をしていけばよいのですが、「〜キーが押されたとき」や「緑の旗が押されたとき」のように、あらかじめ用意されているイベント以外を用いて、コードの実行を制御したい場面が出てきます。このような場合にメッセージを利用するとよいわけです。

具体的にメッセージの送信方法と受信方法を説明しましょう。まず、弾丸が敵キャラに当たったら、敵キャラが自分自身を消し、弾丸のスプライトにもその旨を伝えるようなコードを作ります。

まず、敵キャラのコードを表示して、「イベント」のカテゴリーに「メッセージ1を送る」というブロックがあることを確認してください（図23）。これがメッセージを送信するためのブロックです。

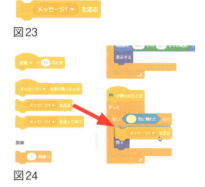
図23

このブロックを「隠す」ブロックの上に挿入します（図24）。

図24

次に「メッセージ1」の部分をクリックすると、「新しいメッセージ」というメニューが表示されます（図25）。これをクリックします。

図25

新しいメッセージの名前を入力するダイアログが表示されます。メッセージの名前は自由につけることができます。ここでは「敵キャラに着弾した」という名前を入力し、「OK」ボタンをクリックします（図26）。

図26

これでメッセージを送信する準備ができました（図27）。

図27

なお、「隠す」を実行しても色判定が実行される場合があるようなので、念のため隠した後に自機の後ろに敵機をワープさせるようにしましょう。具体的には、y座標を-180に変更しておきます（図28）。すべての敵キャラに対してこのコードの更新を行ってください。

図28

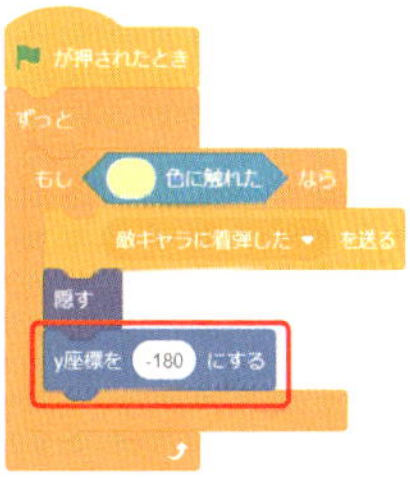

次に弾丸のスプライトでこのメッセージを受信し、自分自身を隠すコードを実行させましょう。弾丸のスプライトをクリックして選択します（**図29**）。図19に示した実験用のコードは削除しておきましょう。

図29

メッセージを受信するブロックは、キーボード入力があったときや緑の旗が押されたときのイベントを受け取るためのブロックと同じように、先頭が丸くなっているブロックを使います（**図30**）。適切なメッセージを選択して配置することに注意しましょう。

図30

「敵キャラに着弾した」というメッセージを弾丸が受け取ったら、自分自身を隠すコードを作ります（**図31**）。これで必ず敵キャラが消えてから、弾丸が消えるようになります。

図31

Stage5で作った自機と敵キャラの衝突判定には色を調べる方法を使っています。色を使うことにより、例えば自機と敵キャラとの当たり判定は、**図32**のようなシンプルなコードになります。ただし、敵キャラの一部分に共通の色（この場合は紫色）を採用する必要がありますから、スプライトのコスチューム（見た目）に関する制約があります。

図32

衝突判定には、スプライトを指定する方法も使えます。これにより、コスチュームに関する制約は回避できますが、敵キャラが複数になる場合は、**図33**のようにそれぞれのスプライトについて判定を作る必要があります。コードが長くなりますし、敵キャラが増えるたびにこのコードも更新する必要があります。

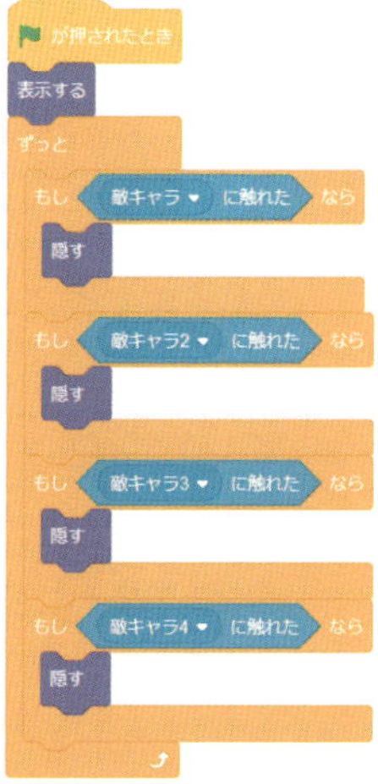

図33

84

こうした問題について、メッセージを使うことにより、改善ができそうです。すべての敵キャラに自機のスプライトを指定した判定のコードを用意します（**図34**）。衝突時には敵キャラから「自機と敵キャラが衝突した」というメッセージを送信するようにし、それを自機で受け取ります。

図34

自機には、**図35**のようなコードを用意し、図32や図33のコードは削除します。これらのコードを削除してしまうと、緑の旗が押されたときに再び自機が表示されなくなるので、アニメーションのコードに「表示する」を加えます（**図36**）。

図35

図36

これにより、コスチュームに関する制約もなくなり、敵キャラのスプライトをコピーして増やした場合についても、コードの変更なしに動作させることができます。しかし、この方法は良いことばかりではなく、メッセージが増えることで、コードが実行されるタイミングがわかりにくくなるという欠点もあります。

同じ動作を実現するコードでも作り方はたくさんあり、「唯一絶対の正解」はないことが多いものです。いろいろな方法を考えてみて、それぞれの方法の利点と欠点を分析し、最適なものを選ぶことが重要です。これこそがプログラミングの面白さの1つではないかと思います。

ここまででStage7はクリアです。次のStage8では、効果音とBGMを加えてみましょう。

クローン

　クローンはコードからスプライトのコピーを作る機能です。敵キャラをクローンの機能を使って複製すれば、あらかじめ複数のスプライトを作成しておく必要がなくなります。クローンに関連するブロックは「制御」のブロックパレットに格納されています。

　Stage7までに作った敵キャラのコードは右図のようになっています。このコードをクローンの機能を使うように変更してみます。

　なお本文中では、この先のStageでもクローンの機能を使わずに敵キャラを作るようにしてありますので、ご注意ください。

　まず、敵キャラが定期的に自分自身のクローンを作るように変更します。一度にたくさんの敵キャラが出現しては困るので、2秒間隔でクローンを作成するようにします。

　次に弾丸との衝突判定を変更します。従来の方法では、敵キャラを再利用するため、弾丸と衝突した場合は、スプライトを隠して、ステージの上端に移動させていました。クローンを使った場合は敵キャラのスプライトは使い捨てにしますので、弾丸と衝突したらクローンを削除するようにします。

最後は登場と移動のコードです。登場の位置とタイミングをランダムにしてから、従来と同じようにステージの下端まで移動させます。弾丸との衝突判定と同じく、下端まで到着したクローンは削除しておきます。
　なお、登場のタイミングの調整は、クローンを作るタイミングをランダムに変更してもよいでしょう。

　変更した敵キャラのコードをまとめておきます。これで敵キャラをあらかじめ複数用意して再利用することなく、1つのスプライトでたくさん登場させることができます。

　プログラムのミスでクローンをたくさん作ってしまうと、コードの実行が極端に遅くなってしまうことがあります。そういう場合はあわてずに、ステージ左上の赤い停止ボタンを押してください。クローンしたスプライトはすべて削除され、全コードの実行が停止します。また、こうしたをミスを防ぐために、クローンの上限数は1プロジェクトで300に設定されています。
　スプライトをクローンすると、そのスプライトに定義したブロック（Stage9を参照）と作った変数（Stage10を参照）も一緒にコピーされます。定義したブロックを使ったコードも実行できます。変数に設定した値はクローンされた時点の値がコピーされますが、他のスプライトから変数の値を読み出すことはできず、クローンが削除された時点で変数も削除されます。これらの定義したブロックと変数の扱いについては、Stage10までクリアーしたあとであれば明確に理解できるでしょう。

STAGE 08

効果音とBGMを追加しよう

　Scratchには、録音したり音楽ファイルから取り込んだりした音を、コードから操作して演奏する機能が搭載されています。このStageでは、弾丸を発射したときの効果音やバックグラウンドミュージック（BGM）を追加する方法について解説します。

8-1　効果音の読み込み

　音については、コスチュームと同じように、スプライトごとに管理します。音を鳴らしたいスプライトに音を準備し、それをコードによって鳴らすことができます。
　さっそく音の準備をしましょう。Scratchにはすぐに使うことができる音のファイルが複数用意されています。まずはScratchに用意されている音のファイルを使う方法を紹介します。

　最初に弾丸を発射する際の効果音をつけてみることにしましょう。まずは弾丸のスプライトを一覧から選択します（図1）。

図1

　次に、「音」というタブを選択してください。このタブで音を管理します。左下にある「音を選ぶ」をクリックします（図2）。なお、「音を選ぶ」のアイコンにマウスカーソルを重ねると表示されるメニューのうち、「虫眼鏡」の形のアイコンをクリックしても同じように音を選択できます。

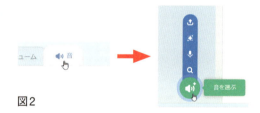

図2

　音の一覧が表示されます（図3）。▶のボタンにマウスカーソルを重ねると、どのような音かを確認できます。一覧の上にあるカテゴリーを選択すると、分類ごとに音を探すことができます。

図3

今回追加したいのは弾丸の発射音なので、左上の検索欄に半角で「laser」と打ち込みます。2種類の効果音が表示されるはずです。「Laser1」を試しに聞いてみましょう。短い効果音で弾丸の発射にぴったりです。確認ができたら「Laser1」をクリックします（図4）。

図4

「音」のタブに「Laser1」が表示されました。もう一度再生ボタンを押して、音を確認してみましょう（図5）。

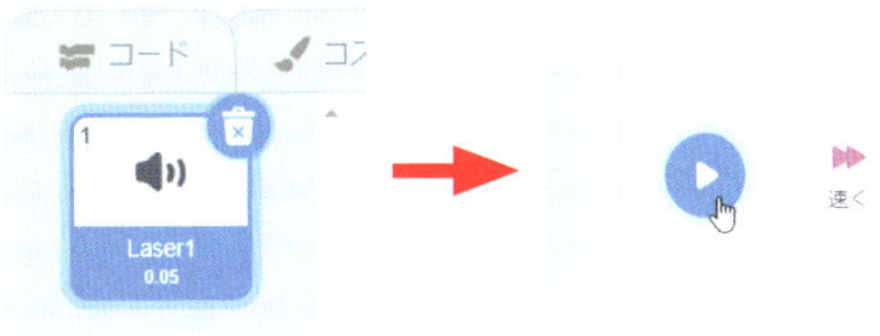

図5

コスチュームを編集するペイントエディターと同じように、「音」のタブで表示されるエディターで音を編集することができます。機能の概要は次のとおりです（図6）。

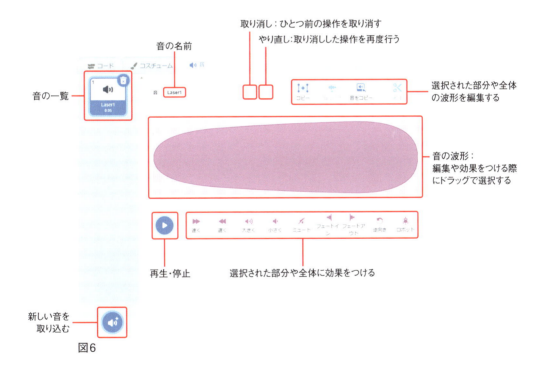

図6

音の一覧から音を削除する際には、コスチュームと同じようにゴミ箱のボタンをクリックします（図7）。

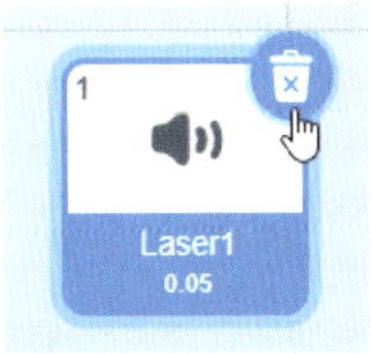

図7

8-2 効果音の演奏コード

読み込んだ音をコードから利用するには、「音」のカテゴリーのブロックを使います。コードのタブをクリックしてブロックパレットを表示し、「音」をクリックします。スプライトに設定した音を演奏するためのブロックは、「終わるまで〜の音を鳴らす」か「〜の音を鳴らす」です（図8）。

図8

「終わるまで〜の音を鳴らす」は、音を最初から最後まで演奏し終わるまで、次のブロックは実行されません。繰り返し演奏したいBGMを流したりするときに使います。BGMについては後半に説明をします。

「〜の音を鳴らす」は、そのブロックが実行されるとすぐに次のブロックが実行されます。効果音のような音を鳴らすときに使います。

弾丸を発射するときにLaser1の効果音を演奏するようにしましょう。スペースキーが押され、弾丸のスプライトが自分自身を発射するコードに「Laser1の音を鳴らす」というブロックを追加します（図9）。これで弾丸を発射するときの効果音が追加できました。複数の音が存在する場合は、音の名前の部分を押すと、音を選択できます。

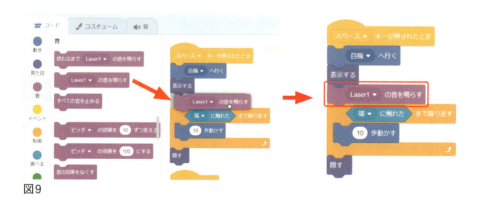

図9

同じようにして、敵キャラが消滅するときの効果音も追加してみます。敵キャラのスプライトを選択して、「音」のタブを選択します（図10）。

図10

次に、「音を選ぶ」を押し、laser2を検索してみましょう。「Laser2」の効果音が表示されたらクリックして読み込みます（図11）。「Laser2」は弾丸の発射音などにも使える短い効果音ですが、敵キャラの消滅時にも使えます。

図11

読み込んだLaser2を鳴らすブロックを当たり判定の部分に追加すればできあがりです（図12）。

図12

音はスプライトごとに管理されるので、ほかのスプライトに読み込んだ音を、別のスプライトのコードから直接演奏することはできません。敵キャラに関する音の追加とコードの変更は4体の敵キャラのすべてに行う必要があります。いったん、ほかの敵キャラのスプライトを削除しておきます。敵キャラのコードの変更が一通り終わった段階で、再度複製をして敵キャラを増やせば、コードなどの更新し忘れを防ぐことができます（図13）。

図13

8-3 BGMの準備と演奏

Scratchで用意されている音にはBGMに利用できるループ素材（何度も繰り返して演奏するために作られた音の素材）もあります。「ループ」というカテゴリーの中にそうした素材が用意されています（次ページの図14）。

ただし、この中には今回のゲームの雰囲気に合うものがないので、インターネットで音楽ファイルを配布・販売しているWebサイトから、音楽ファイルをダウンロードして読み込む方法について説明しましょう。

Scratchでは、MP3や非圧縮の（8ビットか16ビットのエンコードのみ）WAV形式のファイルが読み込めます。今回は「Senses Circuit」という音楽素材を提供しているサイト（https://www.senses-circuit.com）の音源（ループ#47-サイバー 回廊 近未来BGM）をBGMとして利用しました。Senses Circuitで配布されている音楽ファイルは、非営利目的の個人利用であれば、クリエイター名、サイト名、サイトのリンクを掲載することで、Scratchのプロジェクトに使って共有できます。

こうしたサイトを利用する場合は、利用規約をよく読み、リンク表示などが義務付けられている場合は、「メモとクレジット」に適切な情報を掲載するようにしましょう（図15）。

ここで紹介したBGMは、https://www.senses-circuit.com/sounds/bgm/loop47/ からダウンロードすることができます。圧縮されたファイル（loop_47.zip）がダウンロードできますので（図16）、任意のフォルダーに保存して、展開してください。

図14

図15

図16

loop_47.wavとreadme.htmlという2つのファイルが展開したフォルダーの中に表示されます（図17）。これは展開したフォルダーをデスクトップに配置した場合の画面例です。

図17

なお、用意したファイルがScratchに読み込めない場合、読み込める形式に変換する必要があります。最近ではWeb上でファイル形式が変換できるサイト（例えば、https://www.convertfiles.com など）もありますので、試してみるとよいでしょう。

BGMをどのスプライトに読み込むかは悩ましい問題です。自機に読み込む方法もありますが、BGMの場合は、ゲームに登場する各スプライトに固有の音というより、ゲーム全体に関係する音ということで、ステージに読み込むやり方で作られたプロジェクトが多いようです。今回はそれにならって、ステージに読み込んで演奏してみましょう。

まず、ステージのスプライトを選択し、「音」タブを選択します。ステージには「ポップ」が最初から読み込まれていますので、削除しておきます。「音をアップロードする」をクリックして（図18）、ダウンロードしてきたファイルを選択します。

図18

先ほどデスクトップに配置したloop_47というフォルダーの中を閲覧し、loop_47.wavというファイルを選択してから、「開く」ボタンをクリックします（図19）。

ファイルのアップロードには時間がかかりますので、少し待ちます。

図19

ファイルのアップロードが完了すると、図20のような画面になります。音の波形が表示され、BGMが読み込まれていることがわかります。

再生ボタンを押して、正しくファイルが読み込まれているかを確認してみましょう。

図20

読み込んだ音の名前はloop_47になっていると思います。このままだとわかりにくいので、「BGM」に変更しておきましょう（図21）。

図21

さて、演奏のためのコードをステージに追加します。再生前に音量を調整したい場合は、最初に「音量を〜%にする」というブロックを追加しておくとよいでしょう。弾丸の発射などの効果音とのバランスを考えて、今回は音量を30%にしてみました。

常に演奏を続けたい場合は「終わるまで〜の音を鳴らす」というブロックを使い、これを「ずっと」で囲みます（図22）。「終わるまで〜の音を鳴らす」のブロックは、音が最後まで演奏されるタイミングまで待ちます。ですから、BGMの演奏が終わらないうちにまた演奏が始まるということはありません。

図22

自機が敵キャラに衝突したらBGMを止めたいと思うかもしれません。「音」のカテゴリーには、「すべての音を止める」というブロックがあります（図23）。これは再生中の音を止めるという機能を持ったブロックです。

図23

このブロックを使うといったんはBGMの再生がやむものの、BGMの音を鳴らすコードが繰り返し実行されていれば、またすぐにBGMの再生が始まってしまいます。この問題を解決するためには、「制御」のカテゴリーにある「すべてを止める」というブロックを使います（図24）。

図24

このブロックは繰り返して実行されているコードの実行を停止させます。「すべてを止める」をクリックすると、停止するコードの種類を選択できます（図25）。ゲームオーバーなど、プロジェクトで実行されているすべてのコードを停止したい場合は「すべてを止める」を選択します。これはステージ左上の赤丸 ● の停止ボタンを押したのと同じ効果があります。このブロックが実行されると、プロジェクトにあるコードのすべての実行が停止します。

図25

「このスクリプトを止める」を選択すると、このブロックを使っているコードだけを停止させることができます。「スプライトの他のスクリプトを止める」は、このブロックがあるコード以外のすべてのコードが停止します。なお「スクリプト」とは「コード」と同じ意味です。以前のバージョンであるScratch 2.0までは「コード」のことを「スクリプト」と呼んでおり、ここでは以前の名称が使われています。

では、自機と敵キャラが衝突して、自機が隠れた状態になったとき、敵キャラの動きは止めずに、BGMだけを停止したい場合はどのようにしたらよいでしょうか？

Stage7の最後で、自機と敵キャラが衝突した場合はメッセージを送信するコード（85ページの図34）を作りました。このメッセージを受け取ってBGMを停止するようにしましょう。

ステージに図26のようなコードを用意して、このメッセージを受け取ります。今回はBGMを演奏しているコードを停止したいので、「スプライトの他のスクリプトを止める」を選択すればよいですね。

図26

今回の例では、ステージにはBGMを演奏するためのコードしかないので、この方法でうまくいきます。ただし、ある特定のコードだけを停止したい場合は、もっと工夫が必要です。これについては、Stage11で扱います。

さて、音に関する機能にはStage1でも扱ったように、自由に音階を鳴らすことができるブロックも用意されています。これらのブロックは拡張機能として用意されていますので、「音楽」の拡張機能を読み込みましょう（図27）。

図27

音階を自由に鳴らすためには「〜の音符を〜拍鳴らす」というブロックを使います。音符のアイコンの右側にある数字をクリックすると鍵盤が表示され、鳴らす音階が選択できます（図28）。直接数字を入力して音階を選択することもできます。

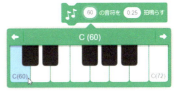

図28

この音階ブロックを使って、ゲームが開始する際に、効果音を鳴らしてからBGMをスタートさせるように改造してみましょう。効果音を鳴らすためのブロックをつなげて、BGMに関連したコードとは別のコードを作っていきます。

最初に配置するのは「楽器を〜にする」というブロックです。これは、音階ブロックを演奏する楽器を指定するためのブロックです。

今回は電子音の効果音なので、「(1)スネアドラム」の部分クリックし、20番のシンセリードを選択してコードエリアに移動します（図29）。

図29

続けて、効果音を鳴らすための音階ブロックをつなげます（図30）。音符だけでなく、拍の数値も変更します。クリックして効果音を確認してみましょう。最初にクリックしたときには、少し音がつまったように聞こえる場合があります。2回目のクリックからはスムーズに演奏できるはずです。

図30

これだけですと、あまり効果音には聞こえませんが、和音を使うようにすると印象が変化します。最初に用意したコードの一番上のブロックを右クリックして「複製」を選択して、音階の設定が異なるコードをもう1つ用意します（**図31**）。

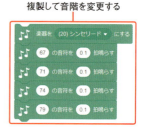

図31

これら2つのコードを緑の旗が押されたら同時に演奏し、その後でBGMの演奏を開始します。このためにメッセージを使います。スタート時の効果音が鳴り終わってからBGMの演奏が始まるようにしたいですね。

このような場合は、メッセージを送ってから、ほかのコードの実行を待つことができる「〜を送って待つ」というブロックを使ってみましょう。まずは新しく「開始効果音を鳴らす」というメッセージを作ります。「〜を送って待つ」のブロックをコードエリアに移動してから「新しいメッセージ」をクリックします（**図32**）。

図32

メッセージ名に「開始効果音を鳴らす」を入力してOKボタンをクリックします（**図33**）。

図33

できあがったブロックを、BGMを開始するコードの「緑の旗が押されたとき」の直後に挿入します（**図34**）。

図34

あとは先ほど作った効果音の演奏コードのそれぞれに、「開始効果音を鳴らすを受け取ったとき」のブロックを追加します（図35）。

これで緑の旗を押して動作を確認してみましょう。少しレトロな雰囲気の効果音を追加することができました。

図35

日々進化するScratch

Scratchは日々進化しています。今後も新しい機能が追加されたり、画面の構成が変化したりするかもしれませんが、慌てる必要はありません。基本的な使い方は本書で学べるようにしてあります。

Scratchのアップデートに関するお知らせは、トップページの右側の「Scratchニュース」に表示されます。アップデートの内容は英語で告知されますが、どんな変更があったのかをチェックしてみるとよいでしょう。

ここまででStage8はクリアです。次のStage9では、敵キャラの爆破アニメーションを追加しながら、コスチュームの画像に関する効果について解説します。

STAGE 09
敵キャラの爆破アニメーションを追加しよう

このStageでは、敵キャラが撃墜されたときの爆破アニメーションを追加しながら、コスチュームに対する画像効果の適用や大きさの変更方法について説明します。さらに自分でブロックを作る機能を使って、コードを整理する方法も学びましょう。

9-1 爆破用コスチュームの追加

敵キャラの爆破アニメーションは、コスチュームの切り替えと画像効果の両方を使って実現します。最初に、どのような爆破のアニメーションにするのかを整理してみましょう。敵キャラに着弾すると、コスチュームが爆破に切り替わります。その後、爆炎が拡大するアニメーションを再生します。爆炎は、徐々に透明度を増し、ゆっくりと消滅していきます（図1）。

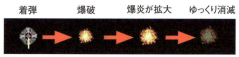
図1

まずは爆破されたときのコスチュームを敵キャラのコスチュームに追加します。Stage2でダウンロードして展開したScratchShootingGameという名前のフォルダーがデスクトップにあるはずです（Stage2でデスクトップ以外に配置した場合、フォルダーの場所はデスクトップに限りません）。このフォルダーの中にあるbom.pngというのが爆破用の画像です（図2）。

図2

今回も敵キャラのコードを更新するので、一体だけを残して削除しておきます。ここで、コスチュームの追加方法をおさらいしましょう。まず、敵キャラをスプライト一覧から選択し、「コスチューム」というタブをクリックします（図3）。敵キャラのコスチュームは一種類しかありませんので、これに爆破用のコスチュームを追加します。

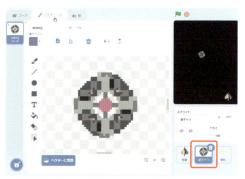
図3

「コスチュームをアップロード」をクリックし、ScratchShootingGameというフォルダーの中にあるbom.pngを選択します。続いて、「開く」ボタンをクリックします（図4）。

図4

これで爆破のアニメーションに使うコスチュームが追加できました（図5）。このコスチュームを使って、爆破用のアニメーションを作っていきます。

図5

9-2 画像効果と大きさ変更のコード

Scratchでは、コスチュームに画像効果を加えるためのブロックが用意されています。「見た目」のカテゴリーにあるブロックを見てみましょう（図6）。

効果の種類（色、魚眼レンズ、渦巻き、ピクセル化、モザイク、明るさ、幽霊）と効果の強さを数値で指定します。「〜の効果を〜ずつ変える」は徐々に画像効果を強くしたり、弱くしたりするときに使います。複数のブロックを組み合わせれば、色を変えて、明

図6

るくするといったように、複数の画像効果を同時に適用することもできます。「画像効果をなくす」のブロックはすべての画像効果を無効にし、元のコスチュームに戻したい場合に使用します。

それぞれの効果をスクラッチキャットに適用した例を示します（図7）。効果によって強さの数値の影響が異なるので、実際にコードを作って適切な強さを設定する必要があるでしょう。なお、幽霊の効果は強さの数値が100を超えるとコスチュームは完全に透明になって見えなくなります。この場合、「表示する」のブロックを使っても表示されません。「画像効果をなくす」というブロックを使えば、再度表示することができます。

図7

また、コスチュームの大きさを変化させるためのブロックも用意されています（図8）。これらのブロックを使うと、元のコスチュームの大きさを自由に拡大・縮小することができます。「大きさを～ずつ変える」は徐々にコスチュームを大きくしたり、小さくしたりするときに使います。大きさが100%（コスチュームの原寸大）のときに、「大きさを10ずつ変える」というブロックを一回実行すれば、大きさは110%になります。

図8

9-3 爆破アニメーションのコード

敵キャラに弾丸が衝突したときに、敵キャラを隠すだけでなく、爆破のアニメーションが動作するようにコードを追加していきます。弾丸が着弾したら、コスチュームを爆破されたものに変更し、大きさを少し拡大しながら、徐々に透明になるようにしてみましょう。

最初に爆破のアニメーションの部分だけを作ってみます。敵キャラについては、すでに当たり判定や移動のコードが作ってありますね。最終的には爆破アニメーションのコードをそれらに組み込むのですが、いきなりブロックを追加すると動作の確認が難しくなります。新たに作成するコードを別に作って動作を確認してから組み込むとよいでしょう。クリックすると、その部分のコードだけを実行することができるので、確認の作業が楽になります（図9）。

図9

このコードをクリックすると、爆破のアニメーションの動作確認ができます。敵キャラは爆破された後も再度登場しますから、コスチュームを元の状態に戻すための初期化処理も用意する必要があります。この初期化の処理も別のコードとして作っておきましょう（図10）。

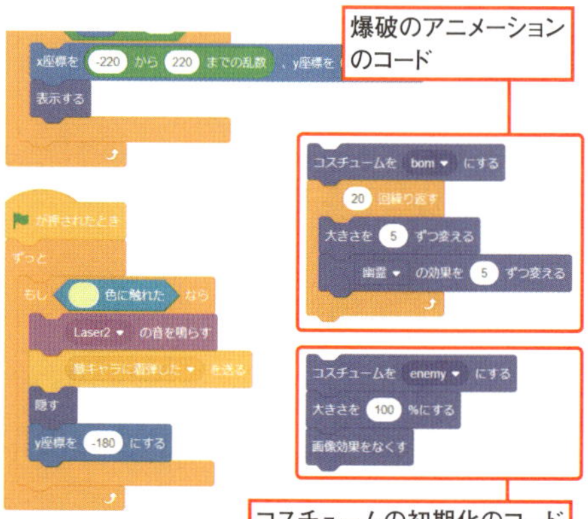

図10

用意した2つのコードを交互にクリックすれば、それぞれが正しく動いているかを簡単に確認できます。弾丸の着弾判定のコードや移動のコードの中に最初から組み込んでしまうと、実際に敵キャラを撃つというテストプレイをしないと動作が正しいかを確認できません。そのため、部分的にコードを作ってテストをしてから、既存のコードに組み込む方法が有効です。

STAGE 09　敵キャラの爆破アニメーションを追加しよう

　作成した爆破のアニメーションとコスチュームの初期化処理を既存のコードに追加します。初期化は緑の旗が押されたゲーム開始時と、敵キャラが画面上から再登場するときの2カ所に必要です。スマートではありませんが、同じ内容のコードを複製し、2カ所に挿入します。のちほど、この重複を解消する方法を紹介します。爆破のアニメーションは、弾丸との当たり判定の部分に追加しましょう（図11）。

図11

図12

　実行してみるとわかるように、敵キャラは爆破後に移動と回転をしてしまいます。また、爆炎に自機が触れた場合も、自機が消えてしまいます。このような仕様のゲームもありますが、爆破中は移動や回転をしないようにするために、少し工夫をしてみましょう。

　爆破のアニメーション中に、通常の移動や回転とは逆のことをするコードを組み込みます。移動は「y座標を-2ずつ変える」、回転は「5度（時計回りに）回す」という2つのブロックで行っているので、「y座標を2ずつ変える」と「5度（反時計回りに）回す」を爆破のアニメーションの繰り返しの中に追加します（図12）。

　これで爆破中は敵キャラが移動したり回転したりしないようにできました。

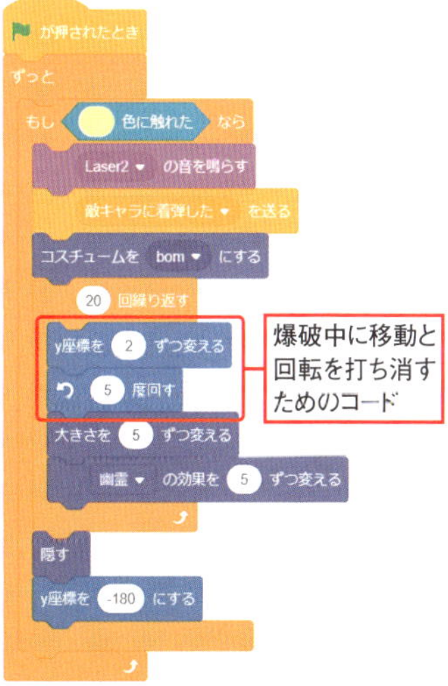

9-4 初期化処理のブロックを作る

移動のコードを改めてよく見てみましょう。先に説明したように、ゲームがスタートした際の初期化処理と、再登場する際の初期化処理に重複するコード（ブロック4つ）があります（図13）。先ほど追加したコスチュームの初期化処理（3つ）のブロックと登場する座標を設定するブロック（1つ）ですね。これらを新たなブロックとして定義してまとめる方法を紹介します。

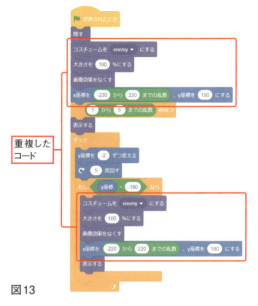

図13

自分で新たなブロックを作るには、「ブロック定義」のカテゴリーから「ブロックを作る」というボタンをクリックします（図14）。

図14

新しいブロックを作成するためのダイアログが表示されます。まずはブロックの名前を入力します。今回はコスチュームと位置の初期化処理ですから、「初期化する」と入力して「OK」ボタンをクリックします（図15）。

図15

すると、コードエリアに図16のようなピンク色のブロックが出現します。これは「初期化する」という名前をつけたブロックが、どのような仕事をするかを決めるためのブロックです。

図16

このブロックの下に、処理化の処理を担当している4つのブロックを移動します。これで、「初期化する」というブロックは、このような4つのブロックからなる仕事をするものであることが定義できました（図17）。

図17

自分で作ったブロックを使ってコードの重複部分を置き換えてみます。コードが短くなり、すっきりした印象を受けると思います。このように自作のブロックを定義すると、自分で考えた動作に名前をつけてブロックを作成し、そのブロックをコードから使うことができるようになります（**図18**）。

コードをまとめて実行するという意味では、メッセージと似ていますが、新たに作ったブロックは、ブロックの定義をしたスプライトでしか利用できません。この場合であれば、敵キャラで「初期化する」というブロックは使えますが、自機ではこのブロックは使えないということになります。

図18

ブロックの名前を変更したり、これから説明するオプションを変更したい場合は、定義の部分か、コードで使っているブロックを右クリックし、「編集」という項目をクリックします（**図19**）。

図19

なお、自分で作ったブロックの定義を削除したい場合は、コードと同じように、右クリックのメニューや、ブロックパレットへのドラッグで行います。ただし、そのブロックを使っていない状態にしてからでないと削除できないので、注意してください。自分で定義したブロックを使っている状態のま

図20

ま、ブロックの定義を削除しようとすると**図20**のような警告（ブロックの定義を削除する場合は、最初に使っているすべてのブロックを削除してください）が表示されます。今回の場合であれば、移動のコードの2ヵ所で使っている「初期化する」というブロックを削除してからでないと定義を削除できないということです。

自作のブロックにはさまざまなオプションを設定することができます。右クリックから編集を選択してみてください。ブロックを作り始めたときに表示されたダイアログが現れます。下の方に表示されているボタンやチェックボックスがそれにあたります（**図21**）。ここでいう「引数」とは、最初から用意されているブロックにあるような、数値や文字をブロックに入力できる穴のことを指します。例えば、「〜歩動かす」というブロックは、スプライトを動かす歩数を指定するために、数値を入力できる引数を持っています。

図21

引数を使うと、より汎用的で便利なブロックを作ることができるようになります。今回は敵キャラが登場するx座標を引数として指定できるようにブロックを改造してみましょう。「引数を追加」のボタンをクリックします（図22）。

図22

ブロックの定義の部分に穴が開き、引数の名前が入力できるようになります。今回は「number or text」と書かれた部分を削除し、「初期x座標」と入力して「OK」ボタンを押します（図23）。

引数を削除したい場合は、穴の上に表示されている🗑ボタンで削除ができます。

図23

すると、「初期化する」のブロックに引数を設定できるようになりました（図24）。

図24

次に定義の方を更新し、引数として設定された「初期x座標」を使うようにしましょう。定義の部分にあるブロックをドラッグして、x座標を「初期x座標」に更新しておきます（図25）。

これで、初期のx座標を設定して初期化を行うブロックが作成できました。これまでと同じように、x座標を-220から220までの乱数に設定したければ、図26のように「初期化する」というブロックを使えばよいわけです。

図25

図26

これまでと同じ動きをするようにコードを更新した全体図を示しておきます（図27）。

図27

STAGE 09 敵キャラの爆破アニメーションを追加しよう

引数を追加することにより、例えばゲーム開始時はステージの中央から登場させるようにすることも、引数を変更するだけで簡単にできるようになります。

初回登場時は必ずステージの真ん中から登場させるためには、最初の「初期化する」ブロックの引数を0にしておきます（図28）。これで図29のように、最初の敵キャラの登場の際には、列を作って登場するようになります。

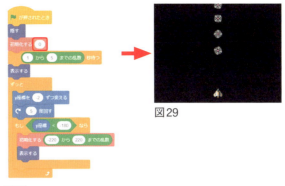

図28 　図29

自分で作ったブロックであれば、引数の意味はわかりやすいと思いますが、他人が作ったブロックだとその引数の意味はすぐにはわからないかもしれません。今回のブロックも、「初期x座標」を引数に指定することは、すぐにはわからないでしょう。

そこで、引数がわかりやすいブロックにしてみましょう。「ラベルのテキストを追加」というボタンを使うと、引数の前後に文字列を追加できます。右クリックのメニューから「編集」を選択して、再度ブロックのオプションを変更してみましょう。引数の前のテキストは「x座標を」に変更し、後ろのテキストに「で初期化する」を入力します。すると、引数の意味を明確に表現できます（図30）。

図30

引数には、真偽値（六角形の穴）も設定できます。「画面を再描画せずに実行する」のチェックを入れると、計算処理を高速化できますが、コマ落ちするので通常の処理を行う場合はチェックを入れる必要はありません。

Programming Tips 関数

本文で紹介したブロックを自作するのと似た機能は、一般的なプログラミング言語では「関数（ファンクション）」という名前で用意されています。関数は、簡単にいうと、引数によって入力を受け取り、処理を行って、処理結果を返すという一連の処理をまとめ、名前をつける機能です。Scratchの場合と同様に、用意した関数を複数の場所から実行できます。プログラムの見通しがよくなったり、変更個所を1カ所にまとめて保守性を高めたりする効果が得られます。Scratchの場合は、処理結果を返す（つまり、長円形のブロックや、六角形のブロックを作る）ための機能はありませんが、今後のバージョンアップで追加されるかもしれません。

ここまでで Stage9 はクリアです。次の Stage10 では、変数について学び、ゲームのスコアと残機数を記録することに挑戦します。

STAGE **10**

スコアと残機数を記録しよう

このStageでは、ゲームのスコアと自機の残数を記録する仕組みを作りながら、「変数」について学びます。変数の値として、コードで利用する数字や文字列を設定しておき、それを後で読み出すことができます。変数を使うことで、作れるプロジェクトの幅が広がります。

10-1 スコアの変数作成

まずはゲームのスコアを記録して表示する仕組みを作ります。敵キャラを撃墜すると、ゲームのスコアが増えるようにしてみましょう。このスコアを記録するために変数を使います。

変数はよく「箱」に例えられます。コードで利用する数字や文字列の「値」を設定し(箱の中に入れて)、設定しておいた値を後で読み出す(箱の中を見る)ことができます(図1)。変数は名前によって区別され、この名前のことを「変数名」といいます。

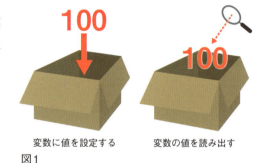
変数に値を設定する　　変数の値を読み出す
図1

変数を作るには、「変数」のカテゴリーを選択し、「変数を作る」ボタンをクリックします(図2)。

図2

表示されたダイアログの「新しい変数名」に、「スコア」と入力します。「すべてのスプライト用」が選択されていることを確認し、「OK」ボタンをクリックしましょう(図3)。なお、ScratchのWebサイトで一定期間活動しているユーザーの場合、ダイアログに「クラウド変数(サーバーに保存)」というチェックボックスが表示されます。これについては129ページのColumn6「クラウド変数」で説明します。

図3

106

New ScratcherとScratcher

　ScratchのWebサイトにユーザー登録をした直後はプロフィールに「New Scratcher」と表示されます。その後、自分のプロジェクトを共有したり、他のプロジェクトにコメントをつけたりしていると、「New Scratcher」が「Scratcher」の称号に更新されます。New Scratcherの間はフォーラムへのコメント投稿などに制限があり、また、クラウド変数が使えません。

　変数を作成する際には、値の設定と読み出しができる範囲を指定します。範囲には次の2種類があります。

- **すべてのスプライト用**……すべてのスプライトとステージから値を設定し、読み出すことができるように設定します。今回作ったスコアのように、プロジェクト全体で使い、複数のスプライトから変数を使う可能性がある場合は、こちらを選択します。
- **このスプライトのみ**………ある特定のスプライトだけから変数に対する値の設定と読み出しができるように設定します。このStageの後半で作る自機の残機数の変数は、自機のスプライトからだけ値の設定や読み出しができればよいので、こちらの種類に該当します。設定と読み出しの範囲を限定すれば、間違えて残機数を自機以外の他のスプライトのコードから変更してしまう危険性を減らすことができます。

　すべてのスプライト用の変数はプロジェクトを削除しない限り、消えることはありません。「このスプライトのみ」で作成した変数は該当するスプライトを削除すると変数も一緒に削除されます。

　変数が作成できると、「変数」のカテゴリーにブロックが追加されます（図4）。

図4

同時に、ステージの左上に変数の名前と値が表示されます。変数の初期値は0です（図5）。

図5

ステージに表示されている変数を右クリックすると、変数の表示の形式を変更できます。変数名を表示しない「大きな表示」、変数の値をスライダーで変更できる「スライダー」も選択できます。用途に応じて表示の形式を変更します。

今回はゲームのスコアということがわかりやすいように「普通の表示」でよいでしょう（図6）。

図6

ブロックパレットに表示されている変数名の左にあるチェックボックスをOFFにすると、変数をステージに表示しないようにできます。コードの実行回数をカウントする用途の変数など、特にユーザーに表示する必要のない変数は隠しておくとスマートです。隠した変数を再度ステージに表示する場合は、チェックボックスをクリックしてONにします（図7）。

同じ操作を「変数〜を表示する」、「変数〜を隠す」というブロックを使って、コードから行うこともできます（図8）。

図7

図8

不要な変数を削除したり、変数名を変更したりする場合は、変数名が表示されているブロックを右クリックして表示されるメニューで行います（図9）。

図9

Programming Tips　変数

　変数に名前をつけて、あらかじめ用意しておくことを「変数を定義する」ともいいます。プログラミング言語によって変数の扱いは異なります。あらかじめ変数を定義しなくても、値の設定や読み出しをすると、対象となる変数を自動的に定義してくれるプログラミング言語もあります。

　また、変数を定義する際に、設定できる値の種類（データ型）を指定するプログラミング言語も多く存在します。例えば、数字の値しか設定できない変数、文字列の値しか設定できない変数といった具合です。Scratchでは、あらかじめ変数の値のデータ型を指定せずに、文字列でも数値でも変数の値にできます。

　なお、変数に値を設定することを「変数に値を代入する」、変数の値を読み出すことを「変数を参照する」というのが一般的です。

10-2 スコアを更新するコード

変数の準備ができたので、変数の値を設定したり、読み出したりするコードを作っていきます。今回は敵キャラを一機撃墜すると100点のスコアを獲得できるようにしてみましょう。

敵キャラを撃墜したときに、スコアの変数の値に100を加えればよいわけです。そこで、敵キャラのスプライトに作っておいた、敵キャラと弾丸の衝突判定をしているコードを修正します（図10）。

忘れてはいけないのは、緑の旗が押されたときにスコアを0点に初期化することです。プロジェクトを保存すると、その時点の変数の値も保存されます。例えば、300点のスコアを獲得した状態でプロジェクトを保存して共有すると、スコアが300点の状態からゲームが始まってしまいます。そのため、ゲームを開始するタイミングで適切な初期化処理が必要です。

初期化のコードをどのスプライトに作るかについては、自機かステージの両方の選択肢が考えられます。現時点ではどちらでも問題はありませんが、この後に作る残機数の初期化処理とスコアの初期化処理がまとめられるという理由から、自機に初期化のコードを作ってみましょう（図11）。

図10

図11

なお、「緑の旗が押されたとき」に実行されるコードが複数ある場合、それらのコードのどれが先に実行されるかは決まっていません。緑の旗が押された直後にスコアをアップさせるようなコードがある場合、初期化より先に行われてしまう可能性もあります（次のStage11でこうした問題を扱います）。

10-3 残機数の記録

次は、自機の残機数を記録してみましょう。自機のスプライトを選択し、このスプライト専用の変数を「残り」という名前で作成します（図12）。

図12

ステージ上の変数の表示には、スプライトの名前である「自機」が自動的に追加され「自機：残り」と表示されます（図13）。

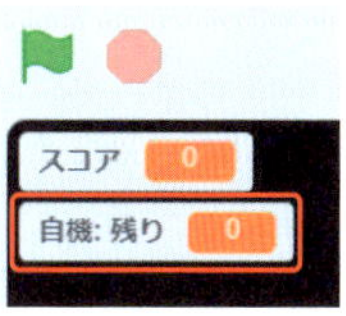

図13

> **Programming Tips** 変数のスコープ
>
> 変数の代入や参照ができる範囲のことを変数の「スコープ」と呼びます。Scratchの場合、「変数を作る」ボタンから作成した変数については、プロジェクト全体か、ある特定のスプライトという2つのスコープしか存在しません。新しくブロックを定義した場合の引数も変数の一種で、こちらは定義したブロックの中でしか使えず、値を設定することはできません。しかし、プログラミング言語によって、変数のスコープの種類はさまざまです。スコープが異なる変数であれば、同じ変数名をつけることもできます。
>
> 本文の例でいえば、自機に「残り」という名前の変数を用意していますが、敵キャラにも同じ名前の「残り」という変数を作ることができます。これは2つの変数がスコープによって区別できるからです。ちなみに、プロジェクト全体のスコープを持つ「スコア」という名前の変数は、1つだけしか作成できません。

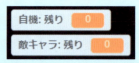

複数の変数を作成した場合、変数名をクリックすると、対象の変数を選択できます（図14）。このメニューから変数名の変更や削除をすることもできます。

図14

スタート時の残機数は3機にしたいので、変数の初期値を3に設定するブロックをスコアの初期化のためのコードに追加します（図15）。

図15

Stage9までは自機は1機しかなかったので、敵キャラに衝突したらすぐに自機のスプライトを隠していました。敵キャラと衝突したら、「隠す」ではなく、「残り」から1を引くブロックに入れ替えます（図16）。

図16

この状態で実行し、わざと敵キャラと衝突してみてください。

1度当たっただけで残りが1以上減ってしまいます。これは敵キャラで衝突判定を繰り返しているためです。

この問題は、自機と衝突したら敵キャラを隠すことで解決できます。敵キャラの当たり判定のコードに「隠す」というブロックを加えます（図17）。

図17

STAGE **10** スコアと残機数を記録しよう

　では、今回の仕上げです。残機の変数の値を調べ、それが0と等しい場合のみに自機のスプライトを隠すようにしてみましょう。「制御」のカテゴリーから、「もし〜なら〜、でなければ〜」のブロックを使って、残機数によって二通りの処理ができるようにします（図18）。

図18

　「演算」のカテゴリーにある「＝」のブロックを使って、「残り」の変数の値と0が等しいかを調べる条件を作ります。変数のカテゴリーにある、「残り」と書かれたブロックは、「＝」の両辺に挿入できます。
　今回は左辺に「残り」のブロックを挿入し（図19）、右辺の50の数字を0に変更します。0は半角で入力することに注意してください。

図19

　「残り」が0の場合は隠します。残機数がある状態で敵キャラに衝突したときには、スプライトを白く変化させ、衝突したことをわかりやすくしています（図20）。
　緑の旗を押して、敵キャラに衝突してみましょう。残機数が減り、3回目の衝突で消えることを確認します。

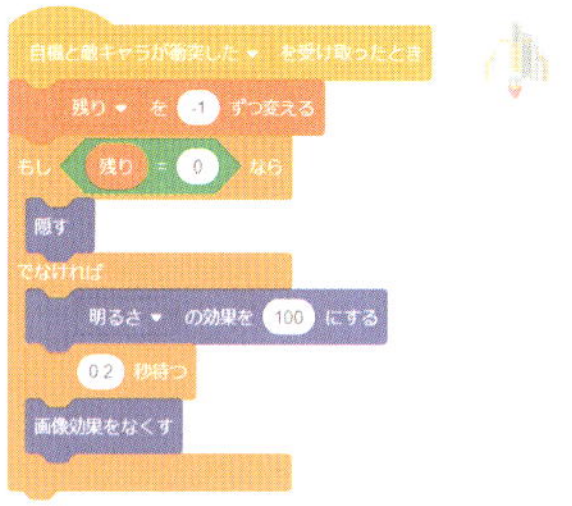

図20

　今回は「自機と敵キャラの衝突」というイベントが発生した場合だけ残機数が減るので、「残り」の変数の値が0かどうかを調べる方法で問題はありません。敵キャラとの衝突以外のイベントで残機数を減らすコードがある場合、一度に残機数がマイナスになってしまう可能性もあります。そのような場合は「残り＝0」ではなく、「残り＜0」を調べるという方法を検討する必要があります。
　BGMは一回目の衝突で停止してしまうと思います。この問題は、次のStage11でスタート画面やゲームオーバー画面を追加しながら解決していきましょう。

　ここまででStage10はクリアです。Stage11では、ゲーム全体の状態の移り変わりを整理して、スタート画面とゲームオーバー画面を作ります。

Column 5 デバッグ

　作ったコードが一回目の実行で意図したとおりに動作するのはとても気持ちのよいものですが、そのようなことはあまりありません。実行してみると意図しない動作をすることがあります。一般的にプログラムの不具合のことを「バグ」と呼び、バグを探して修正することを「デバッグ」と呼びます。

　バグをなるべく作り込まないように作業をし、バグが発生したときでも必要な修正点をすばやく見つけるための方法を整理しておきます。

1. 大きなコードは分割して作る

　敵キャラの爆破のアニメーションを作ったときのように（100ページの図10）、新しく作るコードが少し大きくなりそうなときは、分割して作っていきます。一度に大きなコードを作ってからバグを修正しようとすると、バグを探す範囲が広くなりますし、テストの実施も大変です。

　まずはコードを分割して作成し、それぞれが正しく動作することを確認してから結合して、さらにテストを行うとよいでしょう。分割するといってもただ細かくすればよいということではなく、テストが可能な大きさで、うまく分けて作っていく必要があります。

①分割できるコードは別々に作り、それぞれが正しく動くことを確かめておく

②それぞれのコードが正しく動いたか確かめてから結合して、再度テストを行う

2. スプライトの状態を監視する

　コードを動作させてデバッグをする場合、コードに関係する変数を監視しながら行うと、効率よく作業ができます。例えば、スプライトの座標の値はステージ上の表示位置から概ねの値は推測できますが、正確な値はわかりません。スプライト一覧には、選択したスプライトの主要な変数が常に表示されています。コードを実行している際に、一覧から監視したいスプライトを選択しておくと、変数の値が確認できます。

　また、ブロックパレットのブロックの左側にチェックボックスが表示されているタイプのブロックは、チェックボックスをクリックすると、変数を監視するための表示板がステージ上に表示されます。自分で作成した変数についても、この機能は使えます。

3. デバッグプリントを試す

　Scratchはコードを作って実行する際にも、必要なものが目に見えやすいように工夫されています。しかし、計算式や条件を複数のブロックを使って組み立てた場合、コードの実行中に「計算結果」や

「条件が成り立っているか」を常に確認するための機能はありません。

計算式や条件の結果を知りたい場合は、初歩的なデバッグ手法として有名なデバッグプリントを試してみましょう。「〜と言う」のブロックを使えば、計算結果や条件の成立・不成立の結果を吹き出しで表示させておくことができます。

六角形の条件のブロックを吹き出しで表示した場合は、true（条件が成立する場合）かfalse（条件が不成立の場合）が表示されます。

4. コメントを書いておく

自分で作ったコードであっても、しばらく時間が経過してから改めて見てみると、まるで他人が作ったもののように「なぜそうしたのか」がわからないことが多くあります。そのような状態のまま改造すれば、バグの原因になります。コードを作っている途中で、わかりにくいかもというところには、コメント（123ページの「コードのコメント」を参照）をつけておきましょう。これは自分だけでなく、リミックスしてくれる他のユーザーの助けにもなります。

5. 変数の値の種類に注意する

Scratchの変数の値は、数値も文字も設定することができます。数字（半角）の0を設定しているつもりでも、文字（全角）の0が設定されていると、比較がうまくいかず、気付きにくいバグの原因になります。変数の値を設定するときにも注意が必要です。

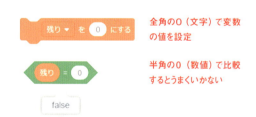

6. 最初から作り直す・気分転換をする

いろいろと試したけれど、どうしてもうまく動作しないということもあります。長時間コードを変更しているうちに自分が何をしているのかわからなくなってしまうこともあるでしょう。そのような場合、思い切ってそのコードを削除して、最初から作り直すと間違いが発見できることもあります。削除する前には念のため、コードやスプライトをバックパック（78ページを参照）に保存しておくのを忘れないようにしましょう。

すべて試したけれど、やっぱりダメという場合は、散歩をして体を動かしたり、本や漫画を読んだり、シャワーを浴びたり、自分なりの方法で気分転換をしてみましょう。ふとした瞬間にうまい解決方法を思いつくことがあります。

STAGE **11**

ゲームの状態を設計しよう
―スタート画面とゲームオーバー画面の追加

　このStageでは、ゲームのスタート画面とゲームオーバー画面を追加します。開始と終了の画面は、ゲームをユーザーに始めてもらったり、繰り返してもらったりするために大事です。ゲームの状態を記した設計図を作ってから、画面作成に取り掛かりましょう。

11-1 ゲームの状態設計

　これまでの10ステージで、シューティングゲームを少しずつ作成してきました。このように、一歩ずつ着実に作っていく方法も楽しいものですが、ある程度複雑なプロジェクトを作る場合は、プログラミングを始める前に、スプライトの動作などを図面に書いて整理をしておいた方がよいでしょう。

　回り道をしているようですが、「急がば回れ」という言葉を思い出してください。一度に頭の中で整理できないような複雑なものを作るには、事前に「設計」をしておくと、スムーズに作業ができます。設計の結果を図に書いておくと、ほかの人と分担してプログラミングをする場合にも役に立ちます。

　今回はゲームの状態に関する設計を図で整理してみましょう。Unified Modeling Language（UML、統一モデリング言語）という、ソフトウェアの設計図である「モデル」を表記するための図法に基づいて、表現してみます。

　UMLには、構造や振る舞い、機能などを表記するためにさまざまな図が定義されています。Stage4で紹介したアクティビティ図もその一例です。今回は、ゲームの状態を理解するために、ステートマシン図（状態遷移図）をベースに、若干のアレンジを加えた図法を使います。正式なUMLの記法ではないことにご注意ください。

　まずはゲームの状態にどんなものがあるかを考えてみます。見た目としてはスタートの画面、プレイ中の画面、ゲームオーバーの画面の3パターンがあり、これらはステージの背景を切り替えることで実現できそうです。まずは、これらを図に書き出してみます（**図1**）。

　次に、それぞれの状態からほかの状態に切り替わる「きっかけ」を考えてみましょう。

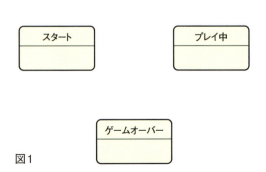

図1

最初の状態は、スタート画面が表示された状態ですね。ScratchのWebサイトで共有したプロジェクトは、緑の旗を1回押して始めるようになっています（**図2**）。つまり、緑の旗が押されたときが最初の状態です。

では、緑の旗のマークを先ほどの図1に追加して、どの状態が最初の状態（初期状態）なのかを表現します。スタート画面が表示された状態で、スペースキーを押すとゲームが始まることにします。プレイ中はスペースキーを押すと自機が弾丸を発射するので、ゲームの状態に応じてキーの役割が変わることになります。

図2

プレイ中に残機数が0かそれ以下になったら、ゲームオーバーです。ゲームオーバーの状態から再度ゲームを始めたいときには、緑の旗を押してスタート画面に戻るようにします。ゲームオーバーの状態からすぐにプレイ中に戻ることもできますが、今後ハイスコアを表示する場合に備え、必ず一度スタート画面に戻るように設計します。ハイスコアはスタート画面に表示するのがよさそうだからです。

それぞれの状態から矢印を引き、ある状態から別の状態への「遷移」を表現します。それぞれの遷移について、それが起こる「きっかけ」（イベント）を書き加えます（**図3**）。

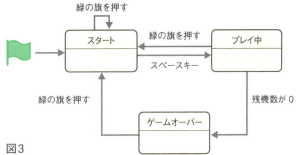

図3

この図に基づいて、さらに考えてみましょう。これまでは、緑の旗が押されたらゲームを開始するという前提で、それぞれのスプライトにコードを作ってきました。スタート画面を追加し、スペースキーでゲームを始めるという方式に変更した場合は、各コードの開始のタイミングを変更する必要があります。また、ゲームオーバーになった場合は、敵キャラなどの不要なスプライトを隠す必要があります。

そこで、ゲームの状態が変化したときにメッセージを送信し、それぞれのスプライトがゲームの状態の変化を察知して動作するようにしてみましょう。状態が遷移をする際に行う動作（アクション）を「きっかけ」の後にスラッシュ（/）で区切って記入してみます。今回は送信するメッセージの名前（リセット、ゲーム開始、ゲームオーバー）を書きましょう（**図4**）。

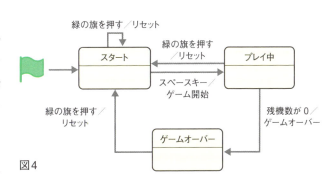

図4

11-2 画面の追加と状態遷移のコード

完成した設計図を見ながらゲームの状態の切り替えを行うコードを作っていきます。まずはステージにスタート画面とゲームオーバー画面の背景を追加します。スプライト一覧からステージを選択し、「背景」というタブをクリックします。背景の一覧の下のほうにある「背景をアップロード」をクリックします（図5）。

図5

スタートの背景であるgamestart.pngを選択して（図6）、「開く」ボタンをクリックします。

図6

ゲームオーバーの背景画像はgameover.pngです。再度同じ手順を繰り返して、アップロードしておきます（図7）。

図7

これで2枚の画像を背景として追加できました（図8）。

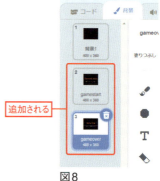

図8

ゲームの状態をコードから判別するために、背景の名前を利用します。そのため、追加した背景は、設計図の状態と同じ名前をつけておきます。これで設計図とコードの対応関係が明確になります。

また、背景の順番を、ゲームの流れと合わせて、スタート、プレイ中、ゲームオーバーとなるように並び替えましょう（図9）。

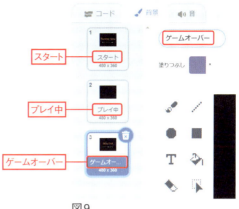

図9

それでは設計図にしたがってステージにコードを作ってみましょう。状態を変化させる「きっかけ」を受け取ったら、現在の状態を調べて、適切な次の状態へ変化させます。その際、状態の変化を他のスプライトも受け取れるようにメッセージを送信するようにしておきます。ステージにはすでにBGMに関連するコードも用意してありますが、それとは別に作成します。

まずは「緑の旗が押されたとき」という「きっかけ」に注目します。はじめからゲームを開始する際には、緑の旗が押され、スタートの状態になります。スタートの状態で緑の旗が押された場合はリセットし、状態はスタートのままです。また、プレイ中に緑の旗が押されたときは、ゲームの状態をリセットし、スタートの状態に遷移させます。

つまり、ゲームがどのような状態であろうとも、緑の旗が押されたら、ゲームの状態をリセットし、背景をスタートの状態にすればよいわけです（図10）。

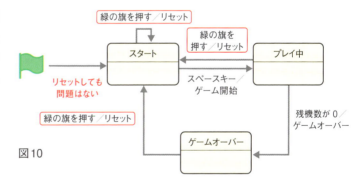

図10

まずは図11のコードをステージに作ります。これからコードを更新していき、最終的にこのプロジェクトでは、「緑の旗が押されたとき」を使っているコードを図11に示した1つだけにします。ここでは「背景をスタートにする」というブロックを使っています。これはステージの見た目を変えると同時に、他のスプライトからゲームの状態は「スタート」であることを判別できるようにしています。

図11

Stage10の109ページで解説したように、必ずゲームの最初に実行したい処理については、注意が必要です。緑の旗が押されたときに実行するコードが複数ある場合、それぞれについて実行の順番を制御することはできません。それでも、スコアのリセットをはじめとした、ゲームの最初に確実に実行すべき処理は、ゲーム開始前にきちんと実行しておく必要があります。

　今回は緑の旗が押されてもすぐにゲームは開始しないように、ゲームの状態を設計しています。スコアのリセットをはじめ、ゲームを開始する前に必ず実行しておきたいコードは、リセットを受け取ったら実行するようにしておけばよいわけです。

　次は、「スペースキーが押されたとき」という「きっかけ」に注目します。スタートの状態のときにスペースキーが押されたら、プレイ中に遷移して、ゲーム開始の動作をすればよさそうです（図12）。ほかの状態のときは特に何もする必要はないですね。

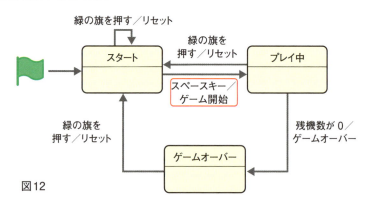

図12

　現在の背景（つまりはゲームの状態）を調べるために、「見た目」のカテゴリにある「背景の番号」というブロックを使います。番号の部分をクリックすると、「名前」を選択することができます（図13）。

図13

　現在のゲームの状態を調べて、スタートである場合にだけ動作するようにコードを作ります（図14）。

図14

　次は、自機の残機数が0になった場合です。少し工夫をする必要があります（図15）。

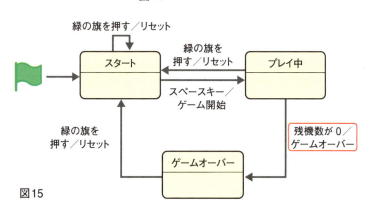

図15

残機数は自機のスプライトでのみ使える変数として作ったので、ステージのスプライトから変数の内容を調べることができません[*]。そこで自機の残機数が0になったら自機のスプライトがそれを伝えるメッセージを送るように変更し、そのメッセージをステージが受け取るように改造する必要があります。メッセージを送信する方の自機のコードの改造は後にして、とりあえずメッセージを新しく作り、ステージに受け取るコードを書いておきましょう（図16）。

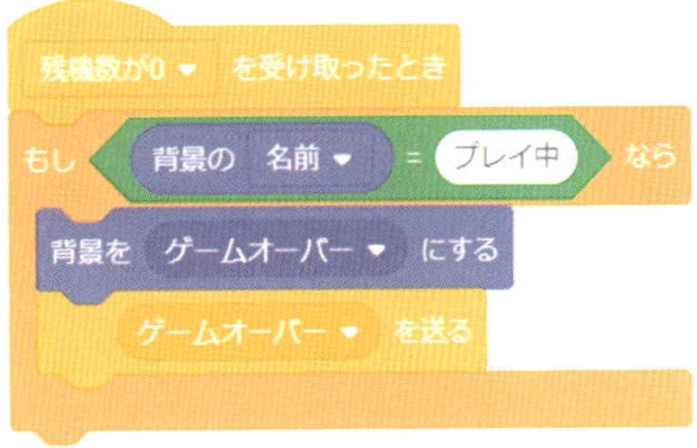

図14や図16に示したコードでは、現在のゲームの状態は背景の名前で判定しています。状態によって背景やコスチュームを変化させない場合は、状態を記憶しておくための変数を用意する必要があるものの、基本的な考え方は同じです。

図16

[*] ステージの「変数」カテゴリーのブロックを使って調べることはできませんが、「調べる」カテゴリーで「自機の残機数」というブロックを作って調べることはできます。

さて、ステージには、緑の旗が押されたらゲームスタート時の効果音やBGMを再生するコードが合計4つ用意してあります。BGMについては、ゲームを開始したときに再生を開始し、ゲームの状態がプレイ中の間だけ繰り返し再生をするように変更します。リセットやゲームオーバーのメッセージを受け取った場合は、音を止めておけばよいですね。ゲームスタート時の効果音に関するコードについては、変更する必要はありません（図17）。

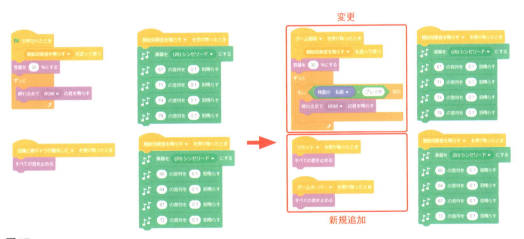

図17

11-3 スプライトのコード更新

ステージのコードの更新は終わりましたので、それぞれのスプライトについて、「緑の旗が押されたとき」のブロックを「ゲーム開始」のメッセージを受け取ったときに置き換えます。

また、「リセット」や「ゲームオーバー」のメッセージを受け取ったときに適切な処理を行うように、それぞれのスプライトを改造していきます。これにより、「緑の旗が押されたとき」というブロックを使っているコードは、各スプライトからなくなり、ステージに1つだけ（117ページ末尾の図11）にすることができます。

それでは、各スプライトについて具体的に説明していきましょう。

最初は自機のプログラミングです。現状では5個のコードがあります。まずは残機数が0になったら、「残機数が0」のメッセージを送信するように変更します。隠すブロックは、ゲームオーバーを受け取ったときに実行するように移動します（図18）。

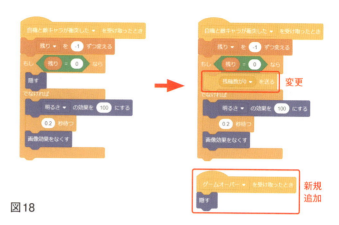

図18

次に、スコアと残機数の初期化について考えてみます。これまでは緑の旗が押されたときにスコアと残機数の内容の初期化を行っていました。これを、リセットのメッセージを受け取ったら初期化をするように変更します（図19）。

図19

残りのコードも見てみましょう。アニメーションはゲーム開始時に実行するように変更し、自機をステージの中心に移動するようにブロックを追加しておきます。リセットを受け取ったら隠すようにしておけば、タイトル画面であるスタートの状態のときには自機が表示されなくなります（図20）。

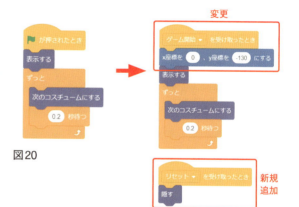

図20

最後に移動のコードも、ゲーム開始のメッセージを受け取ったら開始するように変更しておきます（図21）。これで「緑の旗が押されたとき」というブロックをすべて削除することができました。

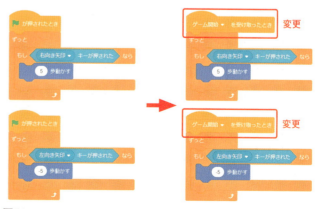

図21

STAGE 11 ゲームの状態を設計しよう—スタート画面とゲームオーバー画面の追加

　最終的な自機のコードの一覧を示します（図22）。リセットを受け取ったときが2つありますが、これはまとめても大丈夫です。ただ、一方は自機の表示に関するもので、一方はスコアなどの変数に関するものです。まとめない方がわかりやすいと考え、分割したままにしてあります。

図22

　次は弾丸のコードを更新します。リセットやゲームオーバーを受け取ったら、自分を隠すようにコードを変更します（図23）。

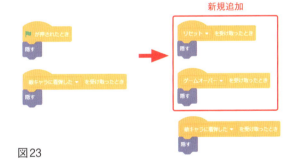

図23

　また、スペースキーが押されたときは、プレイ中の状態のときだけに有効になるように変更します（図24）。これでスタート画面やゲームオーバー画面の時に弾丸は発射できないように制御することができます。

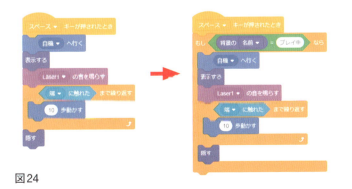

図24

121

次は敵キャラです。敵キャラには緑の旗が押されたら開始する3つのコードと、初期化に関するブロックの定義が用意してあります。まずは敵キャラ自身の移動と、自機との衝突判定の2つのコードについて、ゲームの開始時に実行するように変更します。さらに移動の部分を少し変更して、プレイ中の場合だけ繰り返すように変更しておきましょう（図25）。これをしておかないとスタート画面やゲームオーバー画面に敵

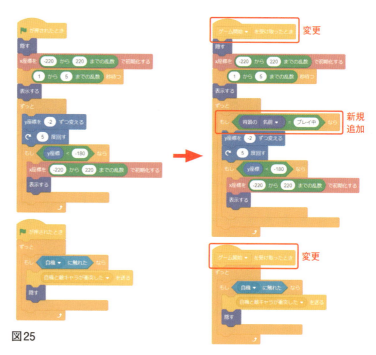

図25

が登場してしまいます。ただし、ゲームオーバー後も敵キャラが動いているような演出をしているゲームもあります。そのような演出をしたい場合は、この改造は不要です。

さらに、着弾の判定のコードの開始のタイミングを変更し、ゲームオーバーとリセットの際にスプライトを隠すように、コードを新規に追加しておきましょう（図26）。

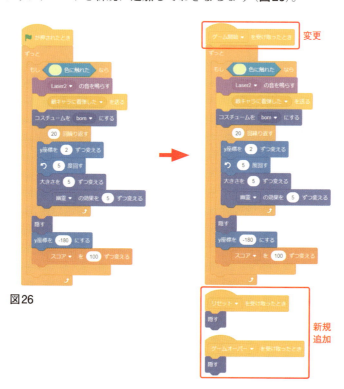

図26

最終的な敵キャラのコードの一覧を示しておきます（図27）。

図27

> ### コードのコメント
>
> 　コードには「コメント」と呼ばれるメモ書きをつけることができます。コメントをつけたいコードを右クリックし、メニューから「コメントを追加」を選択すると、付せんのような吹き出しが表示されます。クリックすると文字入力ができます。
>
>
>
> 　コメントの▼をクリックするとコンパクトな表示に変更できます。削除するにはコメントを右クリックすると表示されるメニューから「削除」を選択するか、×ボタンをクリックします。また、好きな位置にドラッグ＆ドロップで移動することができます。
> 　プログラム中にコメントを挿入する機能は、他のプログラミング言語でも用意されています。「コメントがなくてもわかる」プログラムを書くのが一番ですが必要に応じてコメントをつけておきましょう。

　ここまででStage11はクリアです。次のStage12では、ハイスコアを記録することに挑戦します。

STAGE 12

ハイスコアを記録しよう

このStageでは、ゲームのスタート画面にハイスコア（最高得点）を記録して表示するように機能を追加します。Stage11で作った設計図を活用すれば、そのためのコードを効率よく作成できます。

12-1 ハイスコアの変数作成

ハイスコアを記録・表示する機能は、ゲームでは一般的です。ゲームをおもしろくするために、最高得点を記録して表示する機能はぜひともほしいものです。変数を用いて、ハイスコアを記録して表示するようにゲームを改良していきましょう。

Scratchの場合、変数に設定した値はプロジェクトを保存するタイミングで記録されます。変数を使ったハイスコアの値は、プロジェクトを保存すれば記録できます。ただし、共有したプロジェクトを見て動かすだけのユーザーは、プロジェクトの保存ができません。

そのため、ここで作るハイスコアの機能は、「ユーザーがプロジェクトのページを表示してシューティングゲームで遊んでいる間」だけ機能します。ユーザーがプロジェクトのページを再読み込みしたり、別のページに行ってから再度戻ってきたりした場合には、スコアはいったんクリアされて、ゼロから記録されることになります。

ちなみに、ゲームで遊んでくれたユーザー全員を対象にしてハイスコアを記録・表示したい場合は、クラウド変数を使います。クラウド変数の詳細については、129ページのColumn6「クラウド変数」をお読みください。

それでは、ハイスコア機能を作成していきます。まずは、ハイスコアの値を設定しておく変数を作成しましょう。あるスプライトに属する変数ではないので、すべてのスプライトから利用できる変数を作成します。

ステージのスプライトを選択した状態で変数を作ると自動的に「すべてのスプライト用」になります。つまり、ステージだけに属する変数は作成できないわけです。スプライト一覧からステージをクリックし、「変数」のカテゴリーに切り替えて、「変数を作る」ボタンをクリックします。変数にはハイスコアという名前をつけましょう（図1）。

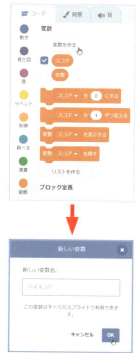

図1

変数を作成すると、ステージの左上に表示されていきます。ハイスコアを追加したので、合計3つの変数が表示され、ゲーム画面が少し狭い印象を受けます。変数は、マウスでドラッグすると、スプライトと同様、位置を調整できます。ハイスコアを画面右上に、スコアと残機数を画面左上に移動しておくとよいでしょう（図2）。

図2

ステージを縮小表示に設定するか、Webブラウザーの画面を小さくして作業をしている場合、図3のように変数名が縦に表示されることがあります。このような場合はステージの縮小表示を解除したり、Webブラウザーの画面を大きくしたりすれば表示が戻ります。

図3

12-2 コードの設計

それでは、ハイスコアに関するコードを作っていきましょう。

ハイスコアは、ゲームのプレイ中ではなく、スタート画面だけに表示するようにします。それには、ハイスコアの変数を適切なタイミングで表示したり隠したりする必要があります。また、どのタイミングで更新をするかも検討しておく必要がありますね。

ここで前回作ったステージの状態に関する設計図をもう一度見直してみましょう（図4）。まずは状態ごとにハイスコアの表示を整理してみます。

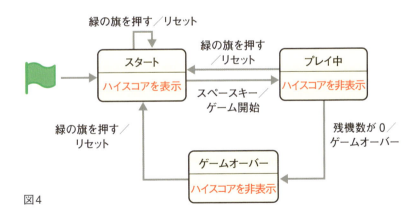

図4

ステージの状態が変化する「きっかけ（イベント）」は3種類あり、状態が切り替わる際には3種類のメッセージが送信されるようにしました。設計図を見ながら、ハイスコアを表示したり隠したりする方法について考えてみます。次のようにするとよさそうです。

- リセットのメッセージを受信：ハイスコアを表示する
- ゲーム開始のメッセージを受信：ハイスコアを隠す
- ゲームオーバーのメッセージを受信：ハイスコアを必要に応じて更新する

　これで抜けがなくコードが作れそうです。Stage11で作っておいたステージの設計図がここでも役立ちました。状態とメッセージを整理しておくのがコードの改造に役立つことを感じていただけたでしょうか。ハイスコアを更新するコードについては、一度に作業せずに、まずは「表示する」と「隠す」に関するコードを作ることにします。このように作業を少しずつ進めると、正しく動作するか否かのテストもしやすくなります。

　スコアや残機数の変数に関するコードは、自機のスプライトに作りました。そこにブロックを追加します。まずはスプライト一覧から自機をクリックし（図5）、スコアや残りに関するコードを探します。

図5

　先ほど整理したとおり、「表示する」と「隠す」コードを追加します（図6）。

　テストは実際にゲームをプレイして行います。

　スタート画面に戻ってハイスコアが表示されていることを確認します。次に、スペースキーでゲームを開始するとハイスコアの表示が隠れることを確認します。最後にゲームオーバー画面が表示されるようにゲームをプレイして、緑の旗を押すと再度ハイスコアが表示されることを確認します。

図6

　今回は比較的短時間でテストできますが、実際にプレイしてテストする際には、残機数の初期値を1にしておく（短時間でゲームオーバーの画面にできます）など、テストの時間を短縮する方法を考えてみるとよいでしょう。

12-3 ハイスコア更新のコード

　次に、「ゲームオーバー」のメッセージを受け取ったときにハイスコアを更新するコードを考えます。ゲームオーバーになった時点のスコアをハイスコアと比較して、スコアがハイスコアより大きければ、その値をハイスコアに設定します。

　ある変数の内容を別の変数の内容に置き換えたい場合は、「～を0にする」というブロックの数字（0）の部分に変数の名前のブロックを入れます。今回は「スコア」の変数のブロックを挿入します（図7）。

図7

　ハイスコアの更新の手順をコードにしてみましょう（図8）。テストをしてハイスコアが更新されることを確認します。

図8

STAGE **12** ハイスコアを記録しよう

　ほかの変数についても「表示する」と「隠す」に関するブロックを追加すれば、さらにゲームの画面デザインを洗練できますので、挑戦してみましょう。

　まず、スタートの画面にはハイスコアのみを表示し、スコアと残機数は表示しないようにします。これには、リセットを受け取ったときに「スコア」と「残り」を隠すというブロックを追加すればよいですね。次にゲームが始まったら、「スコア」と「残り」を表示させます。ゲームオーバーの画面になれば、必ず残機数は0ですから、表示させておく必要はありません。ゲームオーバーを受け取ったときに「残り」を隠すようにします。これでゲームの状態に応じた情報の提示ができるようになりました（図9）。

図9

　一点注意すべきポイントは、プロジェクトを保存する際に、ハイスコアの値も一緒に保存しないようにすることです。テストプレイをするだけでハイスコアは更新されます。最初から作者のハイスコアが保存されていては、初めてゲームをプレイするユーザーはやる気がなくなってしまうかもしれません。Scratchは自動保存の機能がありますので、自分ではハイスコアの値を保存したつもりがなくても、知らないうちに保存されてしまう可能性もあります。

　Scratchには現在ログインしているユーザー名を調べるためのブロックが用意されています。1つの方法として、作者（画面の例ではNikkeiBP）はハイスコアを常に0に設定しておくという方法があります。ハイスコアの機能がうまく動くことを確認した後で、こうしたブロックを追加しておくというのもテクニックの1つです（図10）。

図10

127

ユーザー名を取得するブロックを使うと、ゲームの画面に**図11**のような警告が表示されます。こうした警告を表示させたくない場合は、先ほどのようなコードを追加せず、ハイスコアを0にしてからプロジェクトを保存するように注意する必要があります。

図11

> ## リスト
>
> Scratchでは、変数をたくさん束ねた「リスト」を作成できます。リストのそれぞれの要素に、変数と同様、値を設定できます。
>
>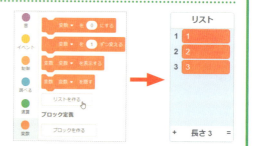
>
> 末尾に値を設定したり、何番目かを指定して値を設定したり、というように、たくさんのことができるブロックが用意されています。
>
> リストをうまく活用すれば、例えば、辞書や単語集を作成できます。シューティングゲームの場合であれば、かなり高度ですが、Column6「クラウド変数」で紹介するクラウド変数と組み合わせることで、ハイスコアのランキング表も作成できます。腕に自信のある読者はぜひ挑戦してみてください。
>
>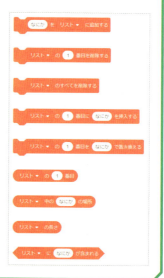

ここまででStage12はクリアです。次のStage13では、三角関数のブロックを使って、敵キャラの動きを複雑にします。

Column 6 クラウド変数

　Stage10で紹介したクラウド変数はScratcherの称号（107ページの「New ScratcherとScratcher」を参照）を得ると作成できるようになります。Stage12で作成したハイスコアは、プロジェクトのページを再読み込みしたり移動したりすると消えてしまいました。ゲーム全体で1つのハイスコアを記録するような場合は、クラウド変数を使います。

　通常の変数は、プロジェクトを保存したときの値が保持されます。クラウド変数の場合はプロジェクトを編集できないユーザーがコードを介して値を設定することができ、同じプロジェクトを参照している複数のユーザー間で変数の値を共有することができます。これにより、ハイスコア以外にも、アンケートのように票数を数えたりするプロジェクトも作れるようになります。現時点ではクラウド変数には数値しか設定することができず、文字を値として設定できません。また、リスト（128ページの「リスト」を参照）はクラウド変数として作成することはできません（ユーザーがクラウド変数を駆使して独自に作ったリストはあります）。

　アンケートのプロジェクト例を以下に示します。票数を記録するためのクラウド変数を3つ用意し、それぞれの色のスクラッチキャットをクリックしたら該当するクラウド変数を増やすようにしておきます。こうした機能はクラウド変数を使わなければ実現できません。

　クラウド変数を使ったプロジェクトを実行するためは、Scratcherの称号を得たユーザーでScratchのWebサイトにログインする必要があります。ログインしていない状態でクラウド変数を使ったプロジェクトを閲覧すると、お知らせが表示されます。

クラウド変数を使ったプロジェクトについては、プロジェクトのページに「クラウド変数」という項目が表示されます。「データを見る」をクリックすると、どのユーザーがクラウド変数を作り、どのような値を設定したかのログが閲覧できます。

クラウド変数を作成する場合、変数名を入力するダイアログに表示される、「クラウド変数（サーバーに保存）」というチェックボックスにチェックを入れます。クラウド変数は自動的にすべてのスプライトから使える変数となります。クラウド変数の表示版には雲のアイコンが表示され、通常の変数と区別できるようになっています。

ハイスコアの更新コードは126ページの図8で作ったものとほぼ同じになります。変数を選択するメニューにもクラウド変数を表す雲のアイコンがつきます。

この他の注意点としては、クラウド変数をScratch Desktop（22ページのColumn1「Scratch Desktop（オフラインエディター）」を参照）で使うことはできません。また、チャットの作成も禁止されています。クラウド変数の取り扱いについての詳細は、以下に掲載されています。

https://scratch.mit.edu/info/faq/#clouddata

STAGE 13
敵キャラの動きを複雑にしよう
―三角関数の利用

　このStageでは、敵キャラの動きを三角関数のブロックを使って複雑にしてみましょう。高校の数学で習う三角関数がゲーム作りでも役に立ちます。敵キャラの動きを複雑にすることで、ゲーム性が高まります。

13-1 三角関数とグラフ

　緑色のブロックが集められた「演算」のブロックパレットには、数値の計算や文字列を処理するためのブロック、条件を複数組み合わせるための「または」や「かつ」のブロックなどが集められています。今回は三角関数を使って敵キャラに横方向の動きを加えてみましょう。三角関数は、パレットの一番下にある「〜の絶対値」と書かれたブロックから使うことができます（図1）。

図1

　最初に三角関数について簡単に整理しておきます。座標平面上に原点を中心とする半径1の円を描き、この円上の座標Pを表現するとどうなるでしょうか。

　Pのx座標は$\cos\theta$、y座標は$\sin\theta$と表現できますね（図2）。この場合、$\sin\theta$の値は、$-1 \leq \sin\theta \leq 1$、$\cos\theta$の値は$-1 \leq \cos\theta \leq 1$です。物体の動く角度から座標を求めるときなど、ゲームを作るときにはsinやcosといった三角関数が役立ちます。

　x座標とy座標を指定してスプライトを動かせることは、Stage4ですでに説明しましたね。ここでは、y=sinxのような「正弦曲線」（サインカーブ）と呼ばれる曲線について考えてみます。まずは「sin」の演算ができるブロックを使って、y=sinxのグラフを描いてみましょう。y=sinxでは、xがステージの座標の左端（-240）から右端（240）まで変化したとき、yの値は-1から1の範囲になります。これではy軸の動きが小さくなってしまうので、y=100×sinxとしてyが-100から100の間になるようにしてみます。

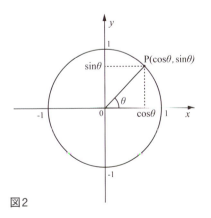

図2

このグラフを描画するコードを作ってみましょう。シューティングゲームとは別に新しいプロジェクトを作って試してください。

　まず、ステージ上の座標との対応関係がわかりやすいように、ステージの背景を座標が書かれた画像（Xy-grid）に変更してみます（図3）。このやり方については、Stage4の53ページで説明しました。

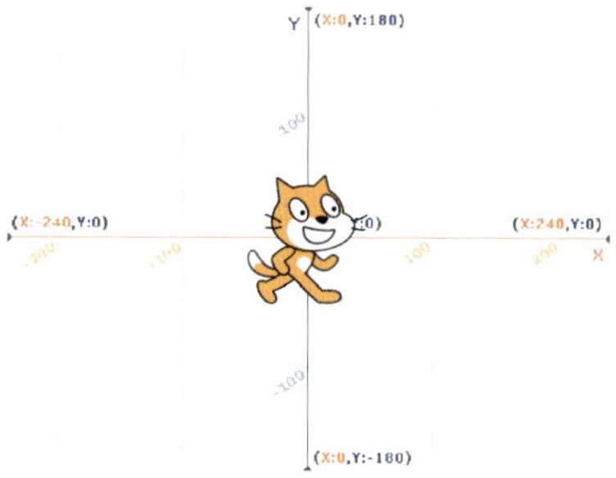

図3

　次にスクラッチキャットを少し小さくして、動きの軌跡が見えやすいようにしてみましょう。スプライト一覧の上にある「大きさ」の数字を100から50に変更します（図4）。これでステージとスプライトの準備は完了です。

図4

　縮小したスクラッチキャットにコードを作っていきましょう。緑の旗が押されたら、グラフを書くようにします。スクラッチキャットが動いた軌跡を表示するために、拡張機能の「ペン」を準備します（図5）。

図5

　最初にこれまでペンで描いた軌跡を削除するため、「全部消す」のブロックを用意します。次に一度ペンを上げて軌跡が描かれないようにした後で、ステージの一番左端の-240の位置にスクラッチキャットを移動します。そして、ペンを下ろすようにしておきます（図6）。

　次にグラフを描く部分をつけ足していきます。まずは100×sin$x$の部分のブロックを作ります。「〜の絶対値」のブロックの「絶対値」の部分をクリックしてメニューを表示させ、sinを選びます。

　まずはsinのブロックの角度を指定します。他のプログラミング言語の中には、このような場合に角度を「度」ではなく、「ラジアン」と呼ばれる

図6

単位で指定するものもあります。Scratchの場合は「度」で角度を指定します。

「〜のsin」の「〜」の部分にx座標のブロックを挿入します。次に「〜 * 〜」のブロックを使って、100×sinxの計算式を作ります（図7）。数学では乗算に「×」の記号を使いますが、プログラムでは「*」の記号を使って表現することがほとんどです。Scratchでも「×」は「*」で表記されています。同様に「÷」は「/」と表記されています。

図7

ステージの横幅は480ドットです。そのため、「x座標を1増やしながらy座標の値を計算する」ことを480回繰り返せばよいですね（図8）。

図8

完成したコードを実行してみましょう。サインカーブが描けました（図9）。

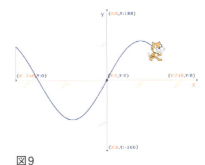

図9

コードにある「sin」を「cos」や「tan」に変更したり、100の数値の部分を変更したりして、動きの変化を観察してみるのもよいでしょう（図10）。

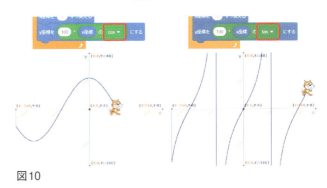

図10

13-2 三角関数の活用

これまで解説した方法を応用して、敵キャラに横方向の動きを加えてみましょう。

敵キャラの動きのコードを見直してみましょう（**図11**）。敵キャラはステージの上から下に向かって移動します。特に横方向（x軸方向）の動きは加えていませんので、ここに三角関数を使った動きを加えてみましょう。

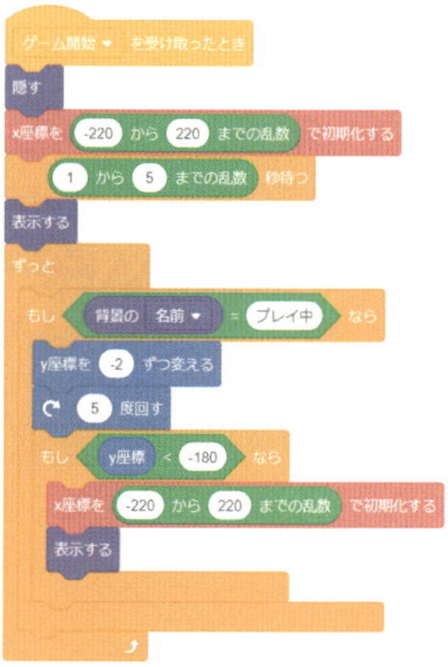

図11

ステージの下方向に敵キャラを動かしているのは、「y座標を-2ずつ変える」というブロックです。このブロックの前に、三角関数を利用してx座標の値を変更するブロックを加えます。現在のy座標の値からsinの値を求めると、先ほどのグラフを描く実験と同じように、その値は-1から1の範囲で変化します。敵キャラの左右の移動の幅を広げるために、値を2倍しています。これで敵キャラの動きを左右に蛇行するようにできました（**図12**）。

実行して動きを確認してみましょう。実行してみると問題が2つあることがわかります。

図12

問題の1つは、敵キャラがステージ右の壁に衝突する場合があることです。これは、敵キャラのスタート位置をステージの左部分に狭めることで解消します。現状は初期化の際にはx座標が-220から220の範囲の乱数で登場するようになっています。これを-220から110の範囲に狭めることで、左右の壁に衝突しなくなります（**図13**）。

図13

134

STAGE 13 敵キャラの動きを複雑にしよう —三角関数の利用

　問題の2つめは、敵キャラの爆破アニメーションの最中に横方向の動きが止まらないことです。爆破の最中はy座標を2ずつ変えることで、下方向への動きを相殺し、敵キャラが動かないようにしていました。

　同様に横方向の動きに関しても、x座標（横方向）も通常とは逆方向に動かすことで、爆発中の動きを相殺します。2をかけているのを-2に変更したブロックを追加しておきます（図14）。

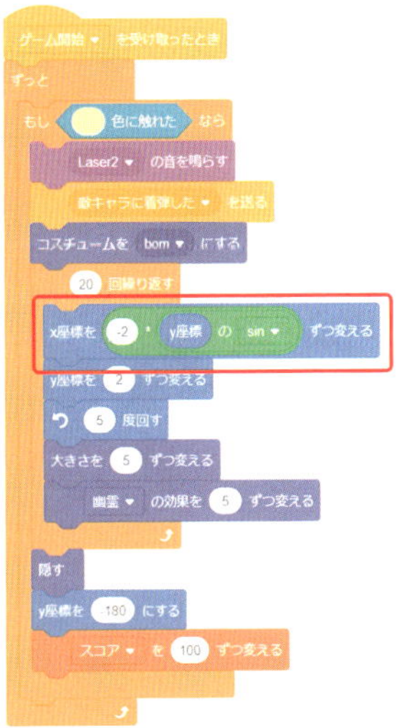

図14

13-3 敵キャラの複製

　コードが完成したら、変更した敵キャラを複製して4体に増やしてみましょう（図15）。

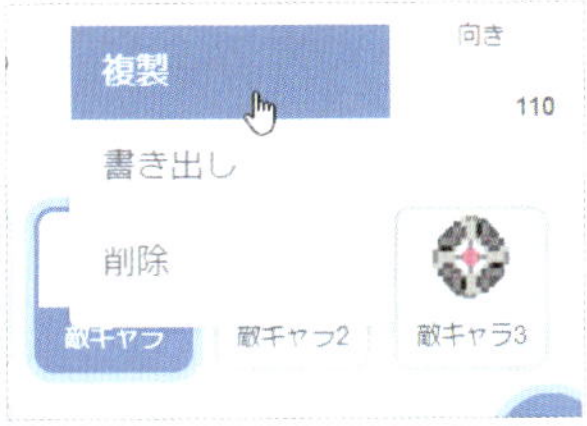

　すべての敵キャラにsinを使っている場合は、登場した後に必ず右方向に蛇行します。これをcosに変更すると、登場後に左に蛇行します。敵キャラのうち、2機はsinを使い、2機はcosを使うようにすると、バランスがよくなると思います。

図15

　左右の動きにcosを採用する場合は、初期化の際の位置と、爆破の最中の動きを相殺するコードについても変更する必要があります。cosに変更した場合の差分を図16に示します。

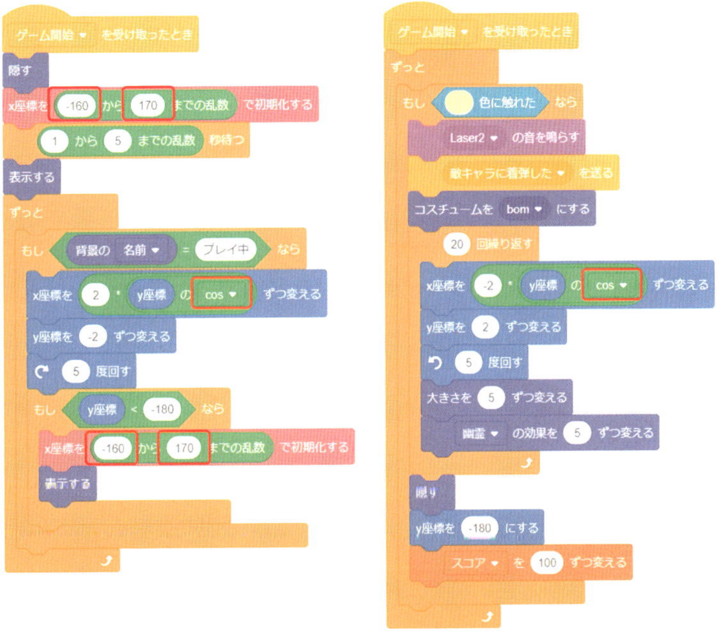

図16

135

ビデオモーションセンサー

　拡張機能の一つに「ビデオモーションセンサー」があります。PCに接続・内蔵されているビデオカメラの画像を解析し、スプライトやステージとの重なりの変化の度合いや方向を検知できます。この機能を使えば、自機を指で触って操作するといったことが可能になります。

　拡張機能の追加方法は本文中でも紹介した「音楽」や「ペン」と同じです。

　拡張機能を追加すると、Scratchからカメラへのアクセス許可を求めるダイアログが表示されるので「許可」を選択します。するとステージにビデオカメラで撮影している映像が重なって表示されるようになります。

　ビデオモーションの機能を使うには「ビデオを入にする」というブロックを使ってビデオカメラを起動します。本文中のシューティングゲームであれば、緑の旗が押されたときにビデオを起動するようにすればよいでしょう。

　指で触れて自機を左右に移動させるためには、自機のスプライトに右のようなコードを作成するとよいでしょう。

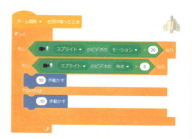

　自機に指など体の一部分で触れるようにすると、左右に移動させることができます。キーボードよりは操作性は悪いですが、体の動きで画面を操作するのはとても不思議な感覚です。

　ここまででStage13はクリアです。次のStage14では、敵キャラの種類を増やしてみましょう。

STAGE **14**

敵キャラの種類を増やそう

　このStageでは、これまでの敵キャラとは移動の軌跡や攻撃方法が異なる「新しい敵キャラ」を追加し、ゲームの難易度を調整してみます。これまでの敵キャラのコードを有効に活用して、少ない手間で新しい敵キャラを作ってみましょう。

14-1　新しい敵キャラのコスチューム

　まずは新しい種類の敵キャラのコスチュームを用意します。基本的なコードの仕組みはこれまで作ってきた敵キャラのものを流用できますので、スプライト一覧から既存の敵キャラを複製し、新たな敵キャラの作成を開始します（図1）。

図1

　新たな敵キャラのコスチュームはenemy2.pngです。複製した敵キャラのコスチュームのタブを選択し、「コスチュームをアップロード」をクリックします。表示されたダイアログでenemy2.pngを選択し、「開く」ボタンで読み込みます（図2）。

図2

　新しいコスチュームは一覧の最後に追加されるので、ドラッグして先頭に配置します。既存の敵キャラのコスチュームは削除しておきましょう（図3）。

図3

スプライトの名前についても配慮が必要です。現在は、既存の敵キャラが4体いる状態で複製をしたため、新たな敵キャラのスプライト名は「敵キャラ5」になっているはずです。このままだと敵キャラの種類を区別しにくいので、「敵キャラB」に名前を変更しておきます。既存の敵キャラについても敵キャラA2のように、種類を入れた名前に変更しておきます。スプライト一覧からそれぞれのスプライトを選択して、新しい名前を入力しておきます（**図4**）。

図4

14-2 新たな敵キャラの移動コード

既存の敵キャラのコードを再利用しながら、新たな敵キャラのコードを作っていきましょう。

まずは、移動のコードを変更していきます。今回作る敵キャラは、回転をせずに真っすぐ自機に向かってくるようにしてみましょう。そこで、スプライトを回転させているブロックと左右に移動している2つのブロックを取り除きます（**図5**）。連なっているブロックの一部分を削除する場合は、一度分解してから削除する必要があることに注意してください。

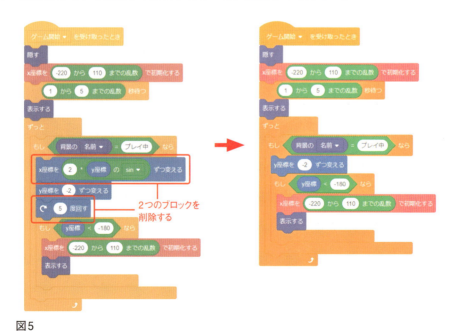

図5

また、ステージの横方向いっぱいを使ってランダムに登場するように、ステージに現れるx座標の乱数を-210～220に変更しておきます。これについては「x座標を～で初期化する」で指定している乱数の値を変更します。新たな敵キャラは既存の敵キャラと比較して、サイズが若干異なり

ます。座標による判定がうまくいくように、ステージの下端に到達したかを判定する座標の値も変更しておきます（図6）。

図6

「x座標を～で初期化する」というブロックの処理内容にも注意が必要です。コスチュームの名前を指定して初期化しているので、それを「enemy2」に変更しておきます（図7）。

図7

緑の旗を押して、動作を確認してみましょう。既存の敵キャラをコピーしたときの向きによっては、新たな敵キャラが斜めになって登場するのがわかります。

新たな敵キャラは必ず下を向いて登場してほしいので、「90度に向ける」というブロックを初期化の定義に追加しておきましょう（図8）。

図8

角度を決定する矢印では、90度は右向きに表示されますが、この方向はコスチュームをどのような向きで用意しているかによります。自機の弾丸のスプライトのように、「～歩動かす」のブロックを使ってスプライトを動かす場合、ペイントエディタ上のコスチュームの向きとスプライトの向きが同じになるようにコスチュームを配置する方が混乱しません。スクラッチキャットのコスチュームは右を向いたものが用意されており、スプライトの向きも右（90度）に設定されています。こうしておけば「～歩動かす」のブロックを使った場合の「進行方向」とコスチュームの「向き」を一致させることができます。

今回追加した敵キャラのコスチュームは、ゲーム画面の表示と同じく、下向きにして配置しています。そのため、向きを90度に設定すれば、機首が下を向きます（図9）。

機首が下向きのコスチュームを使っているため、向きを90度の「右向き」にすれば機首は下向きになる

図9

　新たな敵キャラは座標を使って制御しているので、移動についてはこのままで問題ありません。ただし、「〜歩動かす」のブロックを使う際には、コスチュームを配置した方向を踏まえて、スプライトの向きを調整する必要があります。
　これでひとまず縦方向の移動についての変更は終了です。

　次に、爆破するときのアニメーションも変更しておきましょう。回転をしながら横方向に移動していることを前提に作ったコードですので、新たな敵では爆破中に移動をしないようにしている2つのブロックを削除します（図10）。
　ここで気付いたかもしれませんが、移動に関連するブロック3つを合わせて、1つのブロックを定義してまとめておくとどうなるでしょうか。移動に関する仕様を変更した場合、このように複数個所を変更しないといけない状態はあまりよくありません。ただし、爆破の間に動きを止める場合は、進行方向や回転方向を逆にしなければいけません。これは作ったブロックの引数を工夫すれば実現可能です。少し難しい問題かもしれませんが、ぜひ考えてみてください。

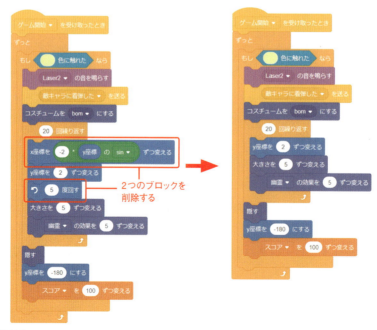

図10

これらの変更に加えて、敵キャラを倒したときのスコアの加点を200に変更しましょう（**図11**）。新たな敵キャラは、撃墜の難易度を上げ、その分だけ撃墜したときの獲得スコアを多くしておきます。ゲームを楽しんでもらうためには、難易度と獲得スコアのバランス（ゲームバランス）を適切に調整することが大事です。

ゲームバランスを調整する作業は、何度かテストプレイをしてみる必要があります。読者のみなさんがオリジナルのゲームを作る場合にも、テストプレイを忘れないようにしてください。

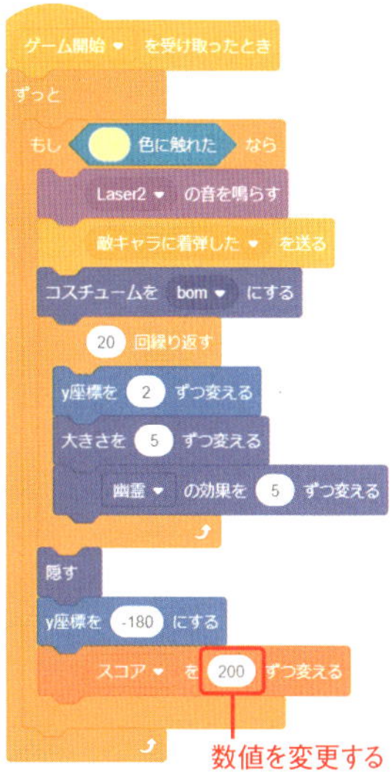

図11

14-3 新しい敵キャラの弾丸発射コード

新たな敵キャラの作成にあたって、ここまでの改造では、動きが単純になっただけで撃墜の難易度を上げることはしていません。新たな敵キャラは進行方向に弾丸を発射するようにして正面に自機を移動しにくくし、撃墜するのを難しくしてみます。

敵キャラの弾丸は自機で使っている弾丸のスプライトを複製して利用します。自機の弾丸を複製した後で、自機の弾丸と区別がつくように、スプライトの名前を「敵キャラBの弾丸」に変更します（**図12**）。

図12

ゲーム中の画面でも容易に判別ができるように、コスチュームを赤い円形に変更します。ペイントエディターで既存の弾丸を消して、描き直しておきましょう。

小さめの円形を書く場合は、筆のツールを選択しておき、太さを調整してからクリックすると簡単に描くことができます（**図13**）。

図13

次に敵キャラから発射されるように、発射のコードを変更します。敵キャラに着弾したときに「隠す」というコードは、自機の弾丸のみに必要なコードなので削除しておきます。

　次は、発射のタイミングを変更します（**図14**）。新しく「敵キャラBが弾丸を発射する」というメッセージを作り、それを受け取ったら発射するように変更します。
　また、発射の際は、敵キャラBの位置へ行き、端に着くまで-10歩動く（ステージの上端から下端へ動く）ように変更します。発射の効果音は削除しておきます。

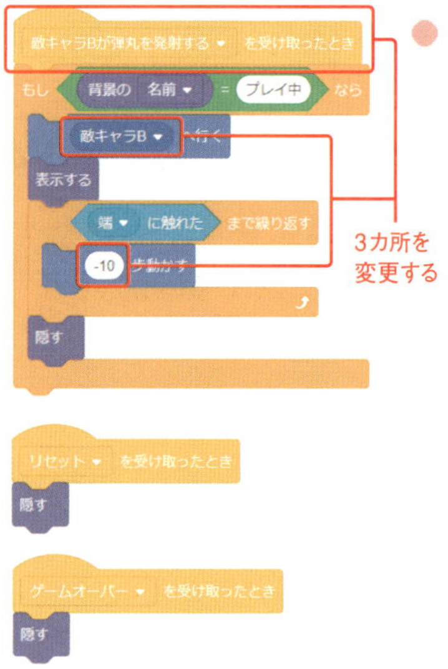

図14

　次に自機との当たり判定を追加しましょう（**図15**）。自機のスプライトに触れた場合は、敵の弾丸も敵の一部と考えて、敵キャラと衝突したことを知らせるメッセージを送るようにしておきます。これで接触したときの自機の表示や、残機数の処理もうまくできます。

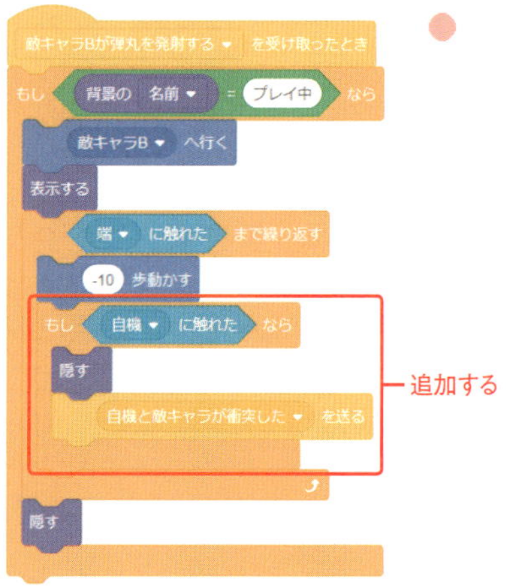

　最後に敵キャラが適切なタイミングで弾丸を発射するようにしてみましょう。
　敵キャラがステージに表示されている状態のとき、適切なタイミングで「敵キャラBが弾丸を発射する」というメッセージを送信すればよいですね。

図15

　そこで、新たな敵キャラのスプライトを選択してコードを追加します。移動のコードに組み込むと発射のタイミングが制御しにくいので、それとは別のコードを作りました（**図16**）。

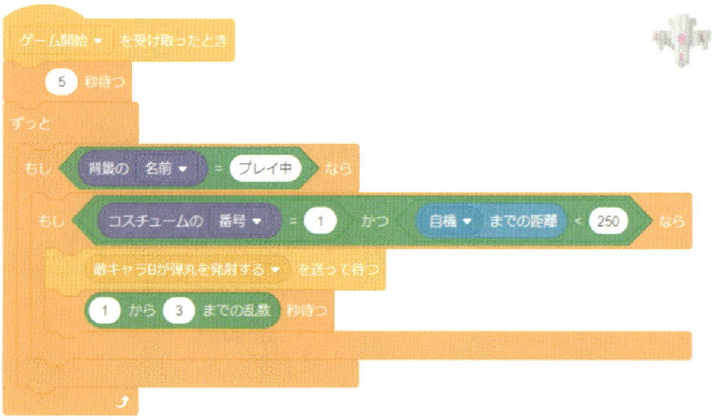

図16

ゲーム開始後にすぐに弾丸を発射しないように、ステージに登場してから5秒待ちます。プレイ中の間だけ、不定期に弾丸を発射するためのメッセージを送信しています。爆発中に弾丸を発射しないように、なおかつ、ある程度自機との距離が近い場合だけ弾丸を発射するように、コードを組み立ててみました。また、弾丸を発射し終わるのを待ってから次の弾丸を発射するよう、メッセージを送って待つようにしています。

Programming Tips 複雑な条件

最後に作った敵キャラが弾丸を発射するためのコードは、3つの条件を調べています。条件を複数組み合わせるなど、複雑な条件を設定するときには、演算のカテゴリーにある「かつ (AND)」や「または (OR)」を用いて、複数の条件をつなぎ合わせる必要があります。また、「ではない (NOT)」といった否定を表現するブロックを使うと、意味がわかりやすくなる場合があります。

本文中の図16で作った条件の1つめは「ゲーム中の状態かどうか」です。2つめは「敵キャラ自身が（爆発中ではなく）通常のコスチュームの状態（1番目のコスチューム）かどうか」です。そして、3つめは「自機との距離が近いかどうか」です。これら3つの条件を「かつ」でつなぎ、1つにまとめることも可能です。本文中で示した図16と次のコードはまったく同じ動作をします。

ただし、こうして条件の部分が長くなるとコード全体が横に長くなり、見にくくなるという欠点もあります。本来はこの条件をまとめた、六角形の自作のブロックを作れればよいのですが、現時点でのScratchにはこの機能はありません。そのため、本文中では「もし〜なら」を入れ子にして組み合わせ、コードが横長になりすぎないようにしてみました。この分け方にも少しこだわってあり、1つめの条件は「ゲーム全体の状態に関する条件」で、2つめの条件は「敵キャラBの状態に関する条件」に分けました。このように、プログラムの意味にもこだわると、より理解しやすくなります。

ここまででStage14はクリアです。次のStage15ではボスキャラを登場させます。

STAGE 15

ボスキャラを作ろう

　このStageでは、シューティングゲームにつき物のボスキャラをいよいよ作ります。これにより、着実に改造してきたシューティングゲーム作成に一区切りつけます。"最強の"ボスキャラは、Stage14で作った新たな敵キャラを改造して作りましょう。

15-1 ボスキャラと弾丸のコスチューム

　まずは、ボスキャラの仕様を整理しておきます。ボスキャラはゲーム開始後すぐには登場せず、ゲームを開始して20秒後に登場するようにします。また、これまでの敵キャラとは異なり、5発の弾丸を当てないと撃破できないようにします。

　それでは、ボスキャラ作りに取り掛かりましょう。最初に、ボスキャラのスプライトを用意します。前回追加した、弾丸を発射するタイプの敵キャラBを複製して再利用することにしましょう（図1）。

図1

　ボスキャラのコスチュームはboss.pngです。複製したスプライトの「コスチューム」のタブを選択し、「コスチュームをアップロード」をクリックします。表示されたダイアログでboss.pngを選択し、「開く」ボタンで読み込みます（図2）。

図2　　　　boss.png

　Stage14での作業と同じく、新しいコスチュームは一覧の最後に追加されるので、ドラッグして先頭に配置します。敵キャラBのコスチュームは削除しておきましょう（図3）。

図3

コピーしたスプライトの名前を「ボスキャラ」に変更しておきます（図4）。

図4

爆破のアニメーション用のコスチュームは、追加したボスキャラのコスチュームに対してサイズが小さいため、拡大しておきます。選択ツールをクリックして、爆破のコスチュームを囲むようにします。ハンドルがついた青い四角形が表示されますので、右下のハンドルをドラッグし、2倍程度の大きさになるように拡大しておきます（図5）。

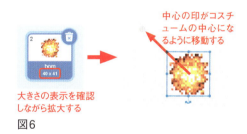

図5

コスチュームの大きさは名前の下に表示されています。縦横ともに40前後になるように調整してください。ドラッグをやめないとこの大きさの数字は更新されませんので、少しずつ拡大をするとよいでしょう。拡大をするとコスチュームが元の位置からずれていきます。大きさの調整が終わったら、コスチュームの中心を修正しておきます（図6）。

図6

ボスキャラの発射する弾丸も用意します。前回追加した敵キャラBの弾丸のスプライトを複製し、名前を「ボスキャラの弾丸」と変更して再利用しましょう。ボスキャラの発射する「弾幕」を表現するために、弾丸の個数を増やしました。選択ツールを使ってコピーをすると、正確に同じ大きさの弾丸を複製することができます。このコスチュームの中心は弾幕の中心位置に合わせます（図7）。これでボスキャラの機体の中心から弾丸を発射しているように見えます。

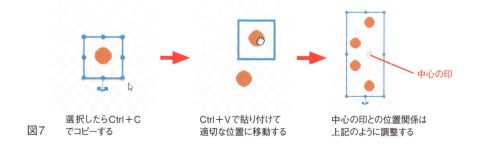

図7

15-2 ボスキャラのコード

既存のコードを再利用しながら、ボスキャラのコードを作っていきましょう。

まずは登場のタイミングの制御からです。ブロックパレットの「調べる」カテゴリーには、「タイマー」というブロックがあります。このタイマーはScratchを起動すると同時に秒数を自動的にカウントしてくれる便利なブロックです。適切なタイミングで「タイマーをリセット」し、タイマーの内容を調べることで、秒数をカウントすることができます（図8）。

図8

今回はゲームを開始してから、20秒後にボスキャラを登場させましょう。このタイマーを使えば、簡単に実現できます。

初期化のブロックも再利用しますが、2カ所だけ内容を更新しておきます（図9）。コスチュームの名前と登場する際のy座標を適切に変更しましょう。y座標を変更したのは、スプライトが敵キャラBより大きいからです。

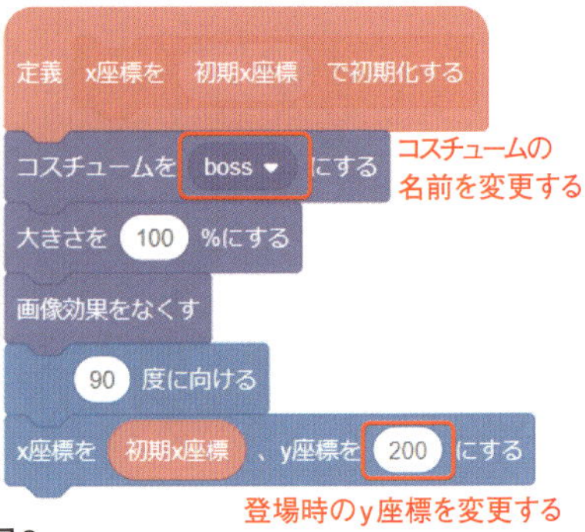

図9

実際のプレイではなく、コードを作っている最中に20秒待つのは時間の無駄です。テストがしやすいように10秒たったらボスキャラが登場するようにしてみます。完全に画面内へ移動が完了したら「ボスキャラ登場」というメッセージを新規作成し、送信するようにしておきます（図10）。

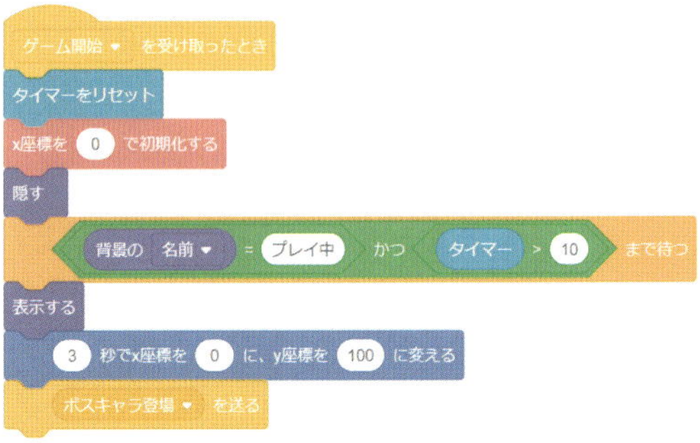

図10

ボスキャラが登場したら弾丸発射のコードを動作させます。敵キャラBの弾丸発射用に作ったコードをボスキャラ用に更新します。最初の弾丸を発射するまでの待ち時間、自機との距離の判定は削除してシンプルにしました。さらに、ゲームの難易度を調整するため、弾丸を発射する間隔を少しだけ長めに設定しました。新しく「ボスキャラが弾丸を発射する」というメッセージを作成し、送信するようにしておきます（図11）。

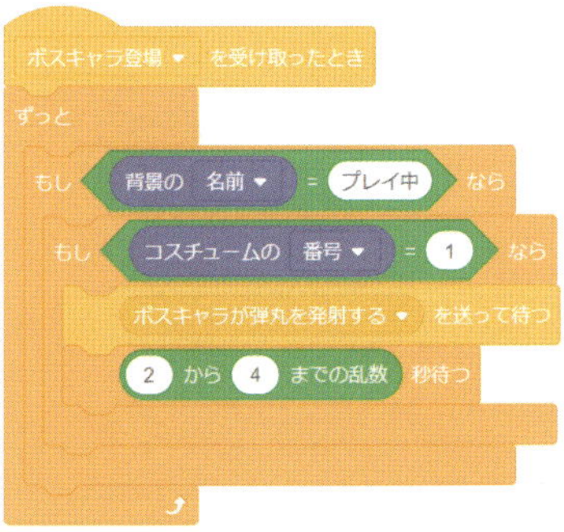

図11

ボスキャラの登場と弾丸発射のメッセージを送信するコードが完成したので、ひとまずボスキャラの弾丸のコード作成に移ります。ボスキャラの移動などのコードはまだ完成していませんが、テストができる弾丸を先に仕上げてしまいます。どのようにコードを作っていくかについては、唯一絶対の正解はありませんが、すべてを完成する前に部分的にテストをしてみるのが重要です。

　ボスキャラのコードと構造は、敵キャラBのもの（142ページの図14）と同じで、メッセージ名とスプライトの指定が異なるだけです。ボスキャラが10秒後に画面に登場するまでテストプレイをして、正常に動作することを確認してみましょう（図12）。これでボスキャラの弾丸のコードは完成です。

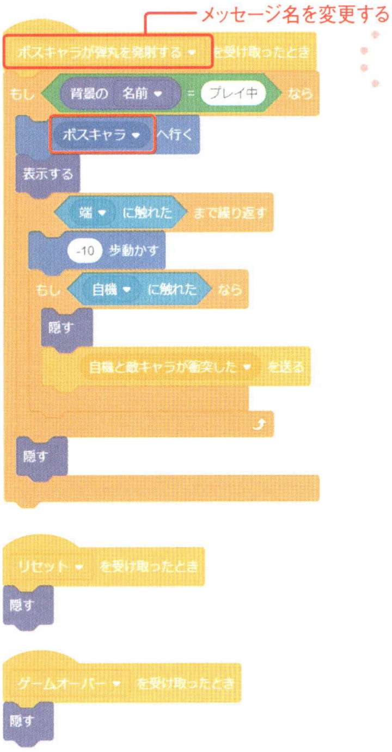

図12

　次にボスキャラのスプライトに戻って、移動のコードを作成します。ボスキャラは左右に動くように作るので、基本的な動きは図13のようなコードで実現できます（絵は下向きに見えますが、ボスキャラは最初、90°（右向き）に向いています）。

　試しにこのコードを実行してみましょう。ステージの端で折り返すときにコスチュームが上下左右に回転してしまいます。こうした問題を解決するには、スプライト一覧の「向き」の数字をクリックします。

図13

　向きの矢印の下に3つのアイコンが並んでいます。一番左のアイコンはステージの端で折り返したときに上下左右に回転させたい場合に選択します（これが初期値になっています）。真ん中は左右の回転のみ、一番右はまったく回転をしません。今回は一番右のアイコンを押して、回転をしないように設定しておきます（図14）。同じ操作は「動き」のカテゴリーにある、「回転方法を〜にする」というブロックを使って行うこともできます。

図14

15-3 ボスキャラのライフ設定

ボスキャラは弾丸を5発当てないと破壊できないのですが、これを実現するためには、被弾した弾丸の数を保存しておく必要があります。そこでボスキャラのスプライトに「ライフ」という変数を作ることにしましょう（図15）。ボスキャラのスプライトのみで利用する変数として作成すればよいですね。もしすべてのスプライト用にしてしまうと、他のキャラクターの被弾と見分けがつかなくなってしまいます。

図15

弾丸との衝突判定、およびライフのカウントと移動を合わせたコードは図16のようになります。爆発のアニメーションはこれまでの敵キャラの方法と異なり、別のコードに分離し、爆破のアニメーションを起動するメッセージを送信するようにします。メッセージの送信に「～を送って待つ」を使うことで、爆破のアニメーションを実行し終わるまで次のブロック（この場合は繰り返しの最初の「5歩動かす」）は実行されないので、左右の移動の影響を受けずに爆発のアニメーションを再生することができます。

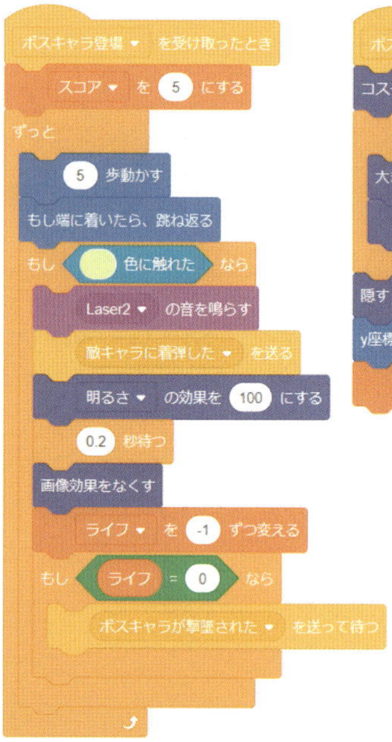

図16

敵キャラAでも、このようにすればよかったのにと思われるかもしれません。この方法の場合、敵キャラAをコピーしただけではうまく動かないという欠点があります。敵キャラAをコピーしても、メッセージは別のものとしてはコピーされないため、敵キャラAが1機撃墜されると、すべての敵キャラAが爆破してしまいます。1機だけしか存在しないボスキャラには、この欠点は存在しません。

ちなみに、ボスキャラを撃墜した場合の獲得スコアは500にしておきます。

ついにボスキャラが完成しました。テストが終わったら、いよいよ「リリース版」に仕上げましょう。具体的には、ボスキャラの登場タイミングを20秒に変更し、ステージにライフの変数が表示されていたら、変数の名前が表示されているブロックの左にあるチェックボックスをクリックして、隠しておきましょう。念のため、ボスキャラの全コードを図17に掲載します。

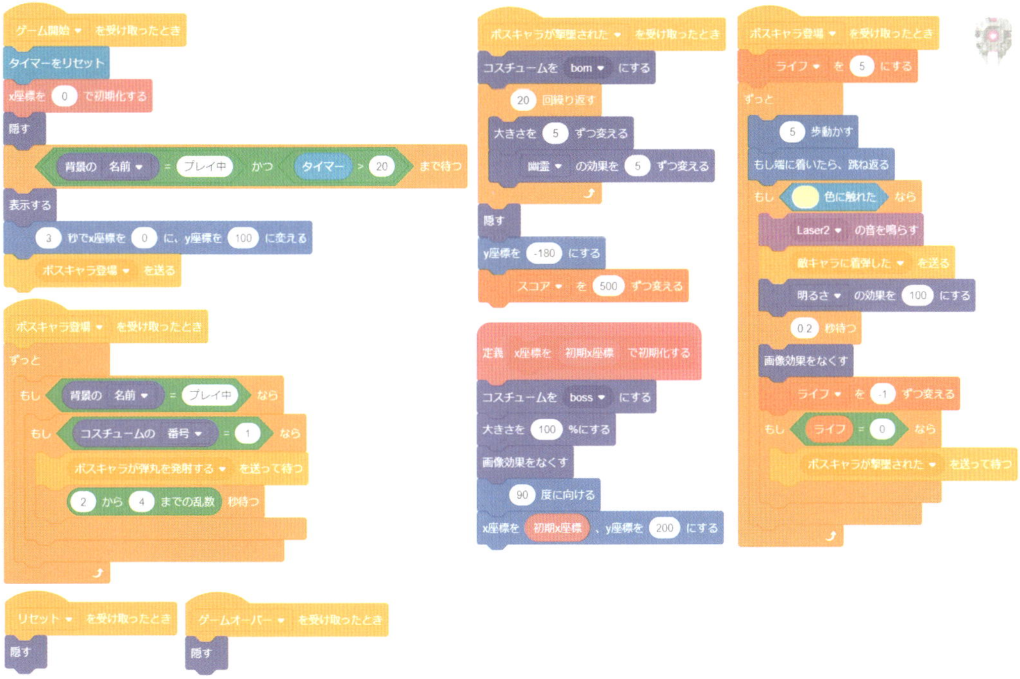

図17

ボスキャラが完成したら、改めてシューティングゲームで遊んでみましょう（図18）。

現状では、ボスキャラを爆破してもスコアが増えるだけで、ゲームは終了しません。ゲームクリアの画面に切り替わったり、次のステージに進めたりといった改造は、読者のみなさんが自分で挑戦してみてください。Stage15の最初に「一区切り」と書いたのは、「本書で詳しく解説するのはひとまずここまで」という意味です。

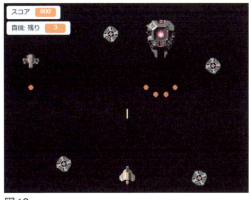

図18

これまで学んできたScratchの基本操作、プログラミングの概念を応用していけば、このシューティングゲームを自分の思ったとおりに改造できるはずです。今後の改造のヒントになるように、次のBonus Stageではシューティングゲームのコントローラーを自作する方法を解説しています。

さらに、新しくゼロから自分でプロジェクトのアイデアを考えて作ることにも挑戦してみましょう。みなさんの作品がScratchのWebサイトで共有されるのを楽しみにしています。

BONUS STAGE

micro:bitで
ゲームコントローラーを作ろう

　このStageでは、これまで作ってきたシューティングゲームのコントローラーを自作します。micro:bitというマイクロコンピューターをScratchに接続して、外付けのコントローラーにするプログラミングに挑戦します。micro:bitの傾きやボタンで自機を操作できるようにしてみましょう。

B-1 micro:bitとは

　micro:bit（https://microbit.org/ja/）はBBC（英国放送協会）が中心となって開発した、マイクロ（とても小さな）コンピューターです（図1）。本体はとても小さいですが、2つのボタン、25個のLED、複数のセンサー（加速度・地磁気・温度・光）、無線通信機能が搭載されています。

図1

　Scratchの拡張機能を使えば、Scratchとmicro:bitを無線で接続して、プログラミングをすることができます。micro:bitのボタンやセンサーの入力に反応したり、LEDを光らせるといったプログラムをScratchのコードで組み立てることができます。

　このStageでは、これまで作ってきたシューティングゲームのコントローラー作りに挑戦します（図2）。

図2

　micro:bitはプログラミングができるコンピューターですから、ここで紹介するコントローラーに限らず、アイデア次第でさまざまなものづくりに活用することができます[*]。さらにmicro:bitはScratchだけでなく、JavaScriptやPythonといったプログラミング言語にも対応していますので、今後はScratch以外のプログラミングに挑戦してみたいという読者にもおすすめです。

[*] さまざまなものづくりへの活用が知りたい場合は『micro:bitではじめるプログラミング 第2版』スイッチエデュケーション編集部 著, オライリージャパン（2019年）が役立ちます。

B-2 機材の準備

それでは準備をはじめましょう。Scratchとmicro:bitを接続するためには、執筆時点（2019年9月）でWindows 10のバージョン1709以上、macOSの場合は10.13以上が必要です。また、micro:bitと無線で接続するためには、Bluetooth 4.0以上が搭載されたPCが必要になります。こうした条件を満たしているかをWindowsが動作しているPCで確認する方法を解説していきます。

Windowsロゴの書かれたキーと「R」キーを同時に押し、表示されたボックスに「winver」と入力して、「OK」ボタンをクリックします。表示されたウインドウの「バージョン」の部分が「1709以上」であることを確認してください（図3）。バージョンが古い場合、Windows Updateを実行して更新を行ってください。

図3

次にBluetooth 4.0以上が搭載されているかを確認します。最初にBluetoothがオンになっているかを確認しましょう。スタートメニューから設定（歯車）のアイコンをクリックして、一覧から「デバイス」を選択します（図4）。

Bluetoothがオンになっているかを確認してください。オフの場合はスイッチのアイコンをクリックするとオンになります（図5）。

図4

図5　Bluetoothをオンにしておく

次にスタートメニューを右クリックして、「デバイスマネージャー」を選択します。「Bluetooth」をクリックして、「Microsoft Bluetooth LE Enumerator」という項目があることを確認しましょう（図6）。

図6

PCの確認が済んだらmicro:bitを入手しましょう。インターネット通販で購入するのが手軽なので、国内代理店のスイッチエデュケーションの販売ページを掲載しておきます。本体のみだと2,000円程度で購入できます。はじめてmicro:bitに挑戦するという場合は、PCとの接続に必要なUSBケーブルなどがセットになったキットを購入するのもよいでしょう。

- **micro:bit（本体のみ）**
  https://switch-education.com/products/microbit/
- **micro:bitをはじめようキット（本体とUSBケーブル、電池ボックス、ケースのセット）**
  https://switch-education.com/products/microbit-starter-kit/

　機材の用意ができたらScratchとmicro:bitを接続するための設定を行います。Scratchとmicro:bitを接続するためには「Scratch Link」というアプリをインストールし、起動させておく必要があります。

　https://scratch.mit.edu/microbitにアクセスし、お使いのOS用のScratch Linkをダウンロードします。Windowsの場合には、Microsoft Storeを使う方法と、圧縮されたインストーラーを使う方法があります（図7）。

図7

　Microsoft Storeを使えば、「入手」のボタンをクリックするだけで簡単にインストールが可能です。Storeの利用が可能な場合は、こちらの方法をおすすめします（図8）。

図8

　念のためインストーラーを使う場合の手順を解説しておきます。「直接ダウンロード」というリンクをクリックすると、「windows.zip」という圧縮ファイルがダウンロードできます。これを任意の場所で展開すると、「ScratchLinkSetup.msi」というファイルが入手できます。このファイルをダブルクリックしてインストーラーを起動しましょう（図9）。

図9

インストーラーの画面が表示されたら「Next」をクリックして、インストールを進めます。途中で「ユーザー アカウント制御」のダイアログが表示された場合は「はい」を選択して、インストールが完了するまで待ちます（図10）。

図10

インストールが完了したら、プログラムの一覧から「Scratch Link」をクリックして起動します（図11）。

図11

初回起動の際は、図12のような警告が表示されることがありますが、「アクセスを許可する」を選択してください。

図12

タスクバーの一覧に、「Scratch Link」のアイコンが表示されます（図13）。Scratchとmicro:bitを接続する場合は、このようにScratch Linkが起動している必要があります。

図13

PC側の準備が終わったので、micro:bit側の準備を行います。micro:bitをデータ転送に対応したUSBケーブルでPCと接続します。正しく接続されると、micro:bitは「MICROBIT」という名前のドライブとして認識されます。

Scratch Linkをダウンロードしたページの少し下を見てください。「Scratch micro:bit HEXファイルをダウンロードします。」と書かれたリンクをクリックします（次ページの図14）。

153

図14

　圧縮ファイルの「scratch-microbit-1.1.0.hex.zip」（1.1.0の部分はバージョンなので、今後変更される可能性があります）がダウンロードできたら、任意の場所で展開すると「scratch-microbit-1.1.0.hex」が表示されます。このファイルを「MICROBIT」というドライブにドラッグ＆ドロップして、コピーします（図15）。

　この手順を正しく行うと、micro:bitに5文字のアルファベットが表示されます。これはScratchから接続するmicro:bitを見分けるためのものです。複数台のmicro:bitを使っている場合は、この文字列で接続先のmicro:bitを見分けます。

図15

B-3 Scratchとの接続

　いよいよScratchとの接続です。シューティングゲームのプロジェクトを開き、ブロックパレットの「拡張機能」をクリックして、「micro:bit」を選択します（図16）。

図16

　接続のためのダイアログが表示され、接続可能なmicro:bitが一覧されます。接続したいmicro:bitのLEDに表示されている文字と、一覧の[ ]の中の文字が同じものを選択して「接続する」をクリックします。正しく接続されたら「エディターへ行く」を選択しましょう（図17）。

図17

試しに「Hello!を表示する」のブロックをパレット上でクリックしてみましょう（図18）。micro:bitのLEDに「Hello!」という文字が流れれば、正しく動作しています。

図18

micro:bitとScratchは無線で接続されています。micro:bitに電源を供給する電池ボックスなどがある場合は、PCとUSBケーブルで接続する必要はありません。電池ボックスがない場合は、micro:bitに電気を供給するためにUSBケーブルを接続したままにしておきます。

micro:bitはColumn1（22ページ）で紹介したScratch Desktopでも使うことができますが、接続の際に特定のWebサイトとの通信が必要なため、完全にオフラインで使うことはできません[*]。

micro:bitとScratchが正常に接続できていると、Scratchのブロックパレットに緑色のアイコンが表示されます（図19）。micro:bitを切断するときや、別のmicro:bitと接続しなおす場合は、このアイコンをクリックします。

図19

micro:bitとの接続が切断されている場合はブロックパレットのアイコンの表示が変化し、警告のダイアログが表示されます（図20）。アイコンをクリックするか、「再接続」のボタンをクリックすると図17の画面が表示され、再び接続作業を行うことができます。

図20

B-4 傾きを使った自機の移動

まずはmicro:bitの傾きで自機を移動できるようにしてみましょう（図21）。

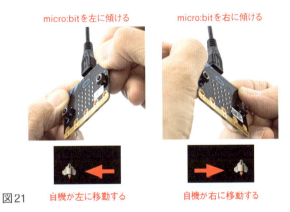
図21

---

[*] 学校などでインターネット接続が制限されている場合も、うまく接続できないことがあります。そのような場合は、http://device-manager.scratch.mit.edu:20110/ に対する通信を許可するようにネットワークの設定を変更する必要があります。

傾きに関係するブロックは3種類あります（**図22**）。

図22

キーボードで自機を操作するコードと同じように考えてみると、**図23**のようになります。自機のスプライトに実際にコードを作って操作のテストをしてみましょう。micro:bitを右に傾けると少し右に動きますが、そのまま傾けたままでは自機は移動しません。一度水平に戻して再び右に傾けるとまた少し右に動きます。このブロックは、傾きに変化が生じたというイベントを検知するためのブロックなので、このような動きになります。micro:bitの傾きに変化が生じたときだけ処理をしたい場合は便利ですが、今回の移動には適していません。

図23

今回は「〜に傾いた」というブロックを使い、常に傾きを調べるようにするとうまくいきます（**図24**）。35ページの図34のコードのmicro:bitバージョンというわけです。

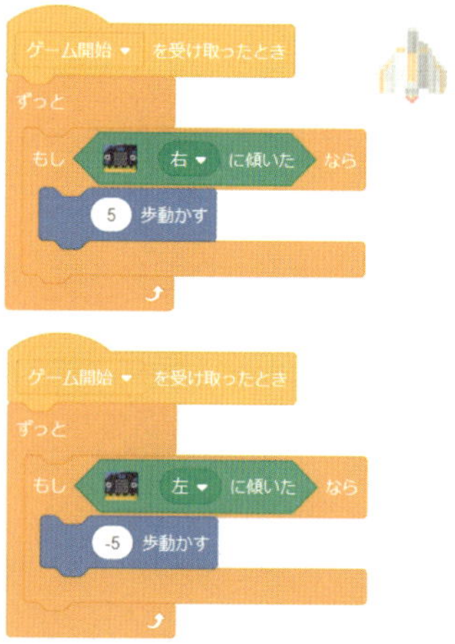

図24

今回はこの方法でうまくいきましたが、細かく傾きを読み取って動作をさせたいこともあるでしょう。例えば、傾きの大きさに応じて移動の速度を変化させたいといった場合です。その場合は「〜方向の傾き」というブロックで、傾きの大きさを調べる必要があります。このブロックで調べた数字は傾きが小さければ0に近くなり、大きくなるにしたがって数字が増加して最大で約100になります。

コントローラーの感度（どの程度傾けたら移動するか）を調整したいときは、**図25**のようなコードを作り、15としてある数字の大きさを調整すればよいわけです。

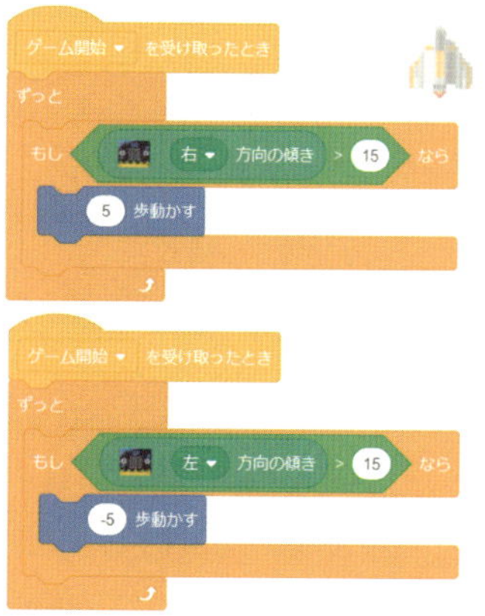

図25

B-5 ボタンによる弾丸の発射

micro:bitには2つのボタン（正面の左がA、右がB）が搭載されており（図26）、これらのボタンが押されたかどうかを調べることができます。

弾丸の発射のコードは「スペースキーが押されたとき」に実行されるようになっています。「スペースキーが押されたとき」というイベントを、micro:bitの「ボタンが押されたとき」に変更すれば簡単に改造が完了します。

図26

「ボタンAが押されたとき」というブロックを使えば、micro:bitのボタンが押されたというイベントを検知することができます。今回はAボタンでもBボタンでも弾丸が発射できるように、「どれかの」を選択してみました。（図27）。

図27

改造した弾丸のスプライトにあるコードは図28のようになります。ボタンごとに異なる機能を割り当てる場合は、「どれかの」の部分を「A」や「B」に変更するだけです。

図28

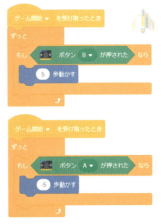

今回はボタンを弾丸の発射に割り当てましたが、左右のボタンで自機を移動させる場合は、傾きの測定と同じように考えることで実現できます（図29）。このような場合は、弾丸の発射をどのようにするか考える必要があります。例えば、AボタンとBボタンを同時に押したら弾丸を発射するというコードは、どのように組み立てたらよいかを考えてみてください。

図29

157

B-6 LEDの活用

micro:bitには25個のLEDが搭載されており、英数字やアイコンを表示するためのブロックが用意されています（図30）。

図30

ゲームが開始したら「START」という文字を表示し、ゲームオーバーになったらスコアを3回繰り返して表示させるようにしてみましょう（図31）。Stage11でゲームの状態を設計したので、それぞれの状態に遷移するためのイベントを受け取ったら、LEDの表示を更新するという一連のコードを整理して組み立てやすくなっています。これらのコードはどのスプライトに作っても動作しますが、今回は自機に追加してみました。

図31

図31のコードでは、プレイ中には何も表示されません。少し工夫をして、プレイ中は自機を模したアイコンがアニメーションとして表示されるようにしてみましょう（図32）。

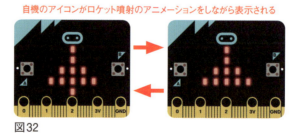

図32

LEDを自由に点灯させるブロックを使って、自機のアイコンの表示を作ります。ハートのアイコンが表示されている部分をクリックし、LEDの点滅をマウスで指定します（図33）。

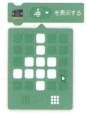

図33

ロケット噴射ありのアイコンと、なしのアイコンを表示するためのブロックを作ったら、「START」の表示が終わった後にアニメーションとして繰り返し表示されるように設定します（図34）。

図34

コントローラーが完成したら、テストプレイをしながらゲーム全体の難易度を調整しましょう。キーボードで操作する場合より難易度が上がってしまった場合は、敵キャラの動きを遅くするといった、コントローラー以外の部分の調整も必要です。

今回は家庭用ゲーム機のように、手で持つタイプのコントローラーを作りました。micro:bitは無線でScratchと接続できます。簡単な工作を組みあわせることで色々なコントローラーを作ることもできます。例えば「ネコリンピック」（http://make-lab.sakura.ne.jp/nekolympic.html）のプロジェクトでは、身近にある材料を使った工作とmicro:bitを組み合わせ、スポーツをテーマにしたScratchの作品を「体を動かして遊ぶ」ためのコントローラーを作っています（図35）。

スケートボードのゲーム画面

三角コーンに当たらないように左右にネコのキャラクターを移動する

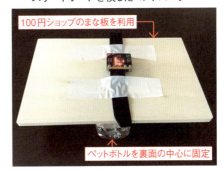

スケートボードを模したコントローラー

不安定な板の中心にmicro:bitが取り付けられており、この上に立って重心を移動することでネコのキャラクターをタイミングよく左右に移動させる

図35

ここまでで最後のBonus Stageもクリアです。Scratchの拡張機能の中には、音声合成、翻訳、micro:bit以外の機器との接続なども用意されています。こうした拡張機能に限らず、本書で紹介できなかった機能を使った作品、さまざまなプログラミングの工夫がされた作品は、ScratchのWebサイトで発見することができるでしょう。

これからもScratchを使った創造的なプログラミングを楽しんでください。

あとがき

　最近ではプログラミング教育の話題を耳にする機会が増えました。学校でどのようにプログラミングを教えるべきかという議論も活発に行われています。塾や習い事の一環としてプログラミングを学ぶ場も増えてきています。

　だいぶ昔のことになってしまいましたが、私が高校生の時、学校の選択授業でプログラミングを学びました。授業で使っていた教科書は、大学生用のC言語入門の教科書で、例題と問題が少し載っているだけの地味な見た目の冊子でした。それでも、大学生が使う教科書を使っているというだけで、なんだか特別なことをしている気分がしてワクワクしました。

　授業は、先生が教科書に掲載されている例題を打ち込んで実行するところから始まりました。授業で使っていたC言語はScratchとは違って、一文字でも打ち間違えるとプログラムを実行することができません。先生がプログラムを打ち込んでいるモニターを眺めながら、みんなで間違いがないかをチェックします。

　例題が実行できるようになると、先生は「こういう風にすれば、こうなるはず…」とプログラムを改造するのですが、うまく動かないということが多くて「あとはみんなに任せたよ」といって寝たふりをしてしまいます。先生が寝たふりをしている間に、ああでもない、こうでもない、と考えてプログラムを作り、できあがったプログラムを見せるために先生を起こしにいくという、一風変わった授業でした。私はこの授業で初めてプログラミングの楽しさを知り、とても好きになりました。こうした形式の授業が私には合っていたのだと思います。

　どんな風にプログラミングと出会うかは人それぞれですし、その人がプログラミングを好きになるかどうかは誰にもわかりません。私が高校生のときに受けた授業のように、あえて完璧な準備はなしで、先生と生徒が対等の関係で学び合えるような環境がよい場合もあるでしょう。そうなれば、本書は余計なおせっかいかもしれません。

　しかし以前と比較すると、プログラミングを学ぶためのソフトウェア、Webサイト、書籍、場所といった環境は豊富に用意されるようになりました。プログラミングとの出会いの選択肢が増えれば、プログラミングを好きになってもらえる可能性が高まるかもしれないという思いから、本書を執筆しました。私が高校時代に受けた授業のように、この本がプログラミングとの素敵な出会いになれば幸いです。たとえ本書で扱っているScratchや、ゲーム作りという題材が自分に合わなくても、これがプログラミングのすべてと考えずに、違う形の出会いも探してみてください。みなさんの身の回りにも、プログラミングを学ぶためのきっかけはたくさんあるはずです。

あとがき

　本書は、CQ出版社が運営するブログ（電子工作推進マガジンエレキジャック）に連載した「Scratch Weekly—Scratchでプログラミングをはじめよう—」*をもとに執筆しました。加藤みどり様をはじめとするCQ出版社の関係者の皆様に感謝いたします。Scratch Weeklyを執筆したのは2012年のことで、記事はScratch 1.4を使って書きました。2015年に本書の初版を発行することになり、Scratch Weeklyの記事をベースに、Scratch 2.0に対応した加筆と修正を行いました。2019年にはScratch 3.0がリリースされ、改定版を発行することになりました。Scratchがバージョンアップするたびに加筆・修正をしてきたわけですが、プログラミングやゲーム作りの本質的な部分はそのままです。プログラミングの環境が変化したとしても「変わらない大切なこと」が読者の皆様に伝わることを願っています。

　原稿の締め切りを守らない私に最後まで付き合ってくださった日経BPの田島篤様、監修を引き受けてくださった阿部和広先生をはじめ、関係者の皆様に感謝いたします。そして、いつも私のことを気にかけて、応援してくれるみなさん、ありがとうございます。

2019年9月20日
杉浦 学

---

* 以下で閲覧できます。
  https://web.archive.org/web/20151211140417/http://www.eleki-jack.com/scratch/

■ 監修者・著者紹介

監修者：阿部 和広（あべ かずひろ）

青山学院大学大学院特任教授、放送大学客員教授。2003年度IPA認定スーパークリエータ。元文部科学省プログラミング学習に関する調査研究委員。1987年より一貫してオブジェクト指向言語Smalltalkの研究開発に従事。パソコンの父として知られSmalltalkの開発者であるアラン・ケイ博士の指導を2001年から受ける。Squeak EtoysとScratchの日本語版を担当。子供と教員向け講習会を多数開催。OLPC（$100 laptop）計画にも参加。主な著書に『小学生からはじめるわくわくプログラミング』（日経BP）、共著に『ネットを支えるオープンソースソフトウェアの進化』（角川学芸出版）、監修に『作ることで学ぶ』（オライリー・ジャパン）など。NHK Eテレ『Why!? プログラミング』プログラミング監修、出演（アベ先生）。

著者：杉浦 学（すぎうら まなぶ）

鎌倉女子大学家政学部家政保健学科准教授。慶應義塾大学環境情報学部卒業。同大学院政策・メディア研究科後期博士課程修了。博士（政策・メディア）。津田塾大学女性研究者支援センター、山梨英和大学、湘南工科大学の教員を経て現職。プログラミング教育をはじめとした情報教育、教育学習支援情報システムに関する研究に取り組む。著書に『プログラミングでなにができる？』（誠文堂新光社）、監訳に『Girls Who Code 女の子の未来をひらくプログラミング』（日経BP）など。慶應義塾大学環境情報学部非常勤講師。NPO法人CANVASフェロー。

カバーデザイン	中村 吉則（株式会社マップス）	
本文デザイン	山原 麻子（株式会社マップス）	
DTP	株式会社マップス	

■本書で作成するプロジェクトにて使用する画像は、以下のWebページからダウンロードできます。このWebページにある「本書で使用する画像のダウンロードはこちらからどうぞ。」にて「こちら」をクリックをすると画像ファイルのアーカイブをダウンロードできます。
「指導者向け活用ガイド」も以下からダウンロードできます。
https://shop.nikkeibp.co.jp/front/commodity/0000/P60450/

■本書で作成するプロジェクトの完成品は、以下のWebページで閲覧できます。
http://scratch.mit.edu/studios/1168062/

Scratchではじめよう！
プログラミング入門 Scratch 3.0版

2019年11月25日　第1版第1刷発行
2024年 3月　5日　第1版第4刷発行

著　　　者	杉浦 学	
監　　　修	阿部 和広	
発　行　者	村上 広樹	
編　　　集	田島 篤	
発　　　行	日経BP	
発　　　売	日経BPマーケティング	
	〒105-8308　東京都港区虎ノ門4-3-12	
印刷・製本	株式会社シナノ	

本書の無断複写・複製（コピー等）は著作権法上の例外を除き、禁じられています。
購入者以外の第三者による電子データ化および電子書籍化は、私的使用を含め一切認められておりません。
本文中に記載のある社名および製品名は、それぞれの会社の登録商標または商標です。
本文中では®および™を明記しておりません。
本書籍に関するお問い合わせ、ご連絡は下記にて承ります。
https://nkbp.jp/booksQA

©2019 Manabu Sugiura　Printed in Japan
ISBN978-4-8222-8625-5